U0181102

中国数学史话

钱宝琮 著

上海科学技术出版社

图书在版编目（CIP）数据

中国数学史话 / 钱宝琮著. -- 上海 ：上海科学技术出版社，2023.1
ISBN 978-7-5478-6051-9

Ⅰ．①中… Ⅱ．①钱… Ⅲ．①数学史－中国－古代－普及读物 Ⅳ．①O112-49

中国版本图书馆CIP数据核字(2022)第254420号

中国数学史话

钱宝琮　著

上海世纪出版(集团)有限公司　出版、发行
上 海 科 学 技 术 出 版 社
(上海市闵行区号景路 159 弄 A 座 9F－10F)
邮政编码 201101　　www.sstp.cn
江阴金马印刷有限公司印刷
开本 787×1092　1/16　印张 11.5
字数 140 千字
2023 年 1 月第 1 版　2023 年 1 月第 1 次印刷
ISBN 978－7－5478－6051－9/O・111
定价：48.00 元

再版序

中国科学院自然科学史研究所　郭书春

　　上海科学技术出版社决定再版钱宝琮(1892—1974)的《中国数学史话》,是一件功德无量的事。钱宝琮是中国数学史学科奠基人之一,今年恰逢钱老诞辰 130 周年,也是这本书出版 65 周年。

　　与钱老大量学术著作相比,《中国数学史话》是一部科学普及类作品。该书以通俗的语言简要介绍了中国古代数学的历史,用 28 个小节全面论述了中国古代数学的主要成就,同时概括了中国古代数学的特征,指出中国古代数学在世界数学发展过程中占有重要地位。中国数学具有勇于创造、长于计算、密切联系实际以及积极吸取外来先进数学的精神。该书出版之后深受读者欢迎,不久即售罄,第二年便修订再版。1998 年郭书春又重加修订,收入《李俨钱宝琮科学史全集》①第 2 卷。

　　钱老历来重视把书斋里的学问变成广大民众可以看懂的读物。记得 20 世纪 60 年代中期,国家发出了"为五亿农民服务"的号召,1965 年底,我刚从山东省海阳县参加了"四清"和劳动实习,便调到中国科学院中国自然科学史研究室(自然科学史研究所的前身),从事数学史研究。研究室恰恰在这时多次召开全体会议,讨论科学技术史研究如何为五亿农民服务的问题。有的同志发言,说我们应该到农村去,研究造纸史的可以教农民古

---

　　① 杜石然,郭书春,刘钝 主编.李俨钱宝琮科学史全集.沈阳:辽宁教育出版社,1998.

法造纸,研究冶金的可以教农民古代的冶铁和铸造技术,研究纺织史的可以教农民古代的纺织技术云云。与这些说法不同,钱老说,数学史为五亿农民服务主要不是现在去教农民学习中国数学史的知识,而是要为当前的大、中、小学数学教师、历史教师服务,由他们通过教学为未来的工人、农民服务。那时我对科学技术史还没有入门,没有发言,但是感到许多看法是要把 20 世纪的中国农民拉回到中世纪,而钱老的发言是从实际出发的,合情合理。他当时还引用新中国成立初期浙江省一位领导的话:"共产主义道德最重要的就是实事求是。"钱老历来重视向广大民众尤其是数学教师、历史教师普及数学史知识。20 世纪 30~40 年代,他就在南开大学、浙江大学讲过数学史课,50 年代又在北京师范大学系统讲过中国数学史。

实际上,凡是有作为的数学史家大都重视向公众普及数学史知识。国际数学史学会前主席、纽约市立大学终身教授、以我为首席专家的国家社科基金重大项目"刘徽李淳风贾宪杨辉注《九章算术》研究与英译"的主要合作者之一道本周(Dauben, Joseph W)1988 年夏访问我所时向我们提出:我们的论著都是我们的同行、我们的学生或学生的学生在读,不研究这门学问的人读得很少,如何让我们的研究成果使广大公众了解,是一个重要问题。他建议我们组织一次讨论会,专门讨论这个问题。经与有关方面联系,讨论会在北京玉泉路中国科学院研究生院召开。不料,开始讨论不久,便被对科学技术史研究无兴趣的人引导到讨论政治问题而夭折,道本周先生对此非常生气。

钱老与李老(李俨,1892—1963)同为中国数学史学科的奠基人。他们对中国古代数学的成就都十分推崇,对欧美出版的数学史著作不提或贬低中国古代的数学成就而感到不平,而致力于中国数学史的研究。不过,两位前辈有不同的风格。对中国数学史的分期,李老认为:"就其盛衰倚伏之大势,可区为五期:一曰上古期,自黄帝至周秦,约当公元前 2700 年,迄公元前 200 年;二曰中古期,自汉至隋,约当公元前 200 年,迄公元 600 年;三曰近古期,自唐至宋元,约当公元 600 年,迄 1367 年;四曰近世期,自明至清初,约当公元 1367 年,迄 1750 年;五曰最近世期,自清中叶迄清末,约当公元 1750 年,迄 1900 年。"①后来李老又将隋朝划入近古期②。而在《中国算学史》(上卷)③中,钱老就没有用中古、近古等一部分历史学家的分期术语,而在他 20 世纪 60 年代主编的《中国数学史》④中,则分成"秦统一以前的中国数学""秦统一以后到唐代中期的中国数学""唐代中期到明末时期的中国数学""明末至清末的中国数学"四个阶段。愚以为,这种不以朝代的革鼎划段,而以数学内部的发展结合社会经济、政治以及哲学思想的变迁的分期方式更为可取,它既不脱离一般的社会历史条件,而又能从数学本身出发,反映出数学发展过程中的阶段性。

就对中国数学史的发展即中国数学史学史的影响而言,钱老与李老是不分轩轾的。20 世纪 90 年代,《辞海》编辑部将撰写修订其中中国古代数学和珠算的释文的任务交给了我,发来的辞目初稿却只有李俨,而无钱宝琮。我感到不合适,当即回信,表示李、钱二老都是中国数学史学科的奠基人,应该同时上《辞海》,同时指出,不管是否愿意承认,"十年动乱"之后近 30 年来的中国数学史的研究者,实际上大都是沿着钱老的路子走的。表示如果李钱二老同时上,我愿意承担修订撰写任务,否则另请高明。编辑部接受了我的意见。

中国当代数学泰斗、第一届国家最高科学技术奖获得者吴文俊一直高度评价李钱二老的贡献和钱老主编的《中国数学史》。在"文化大革命"尚未结束的 1975 年,钱老还被当作"反动学术权威",许多人还把《中国数学史》看成"封资修的渊薮"的时候,在我们访问吴文俊先生时他却对我们说:"评法批儒中,关肇直先生组织我们学习中国数学史。对我们这些人,

---

① 李俨.中国算学小史.上海:商务印书馆,1930.收入《李俨钱宝琮科学史全集》第 1 卷.沈阳:辽宁教育出版社,1998.
② 李俨.中国算学史.上海:商务印书馆,1937.1.随后在 3,4 月间重印.重庆:商务印书馆,1944.修订本.北京:商务印书馆,1955.收入《李俨钱宝琮科学史全集》第 1 卷.沈阳:辽宁教育出版社,1998.
③ 钱宝琮.中国算学史(上卷).上海:商务印书馆,1932.收入《李俨钱宝琮科学史全集》第 1 卷.沈阳:辽宁教育出版社,1998.
④ 钱宝琮 主编.中国数学史.北京:科学出版社,1964.收入《李俨钱宝琮科学史全集》第 5 卷.沈阳:辽宁教育出版社,1998.

看古文还不如看外文容易，中国古代数学著作，找不到外文译本，所以我们主要是通过学习李俨、钱宝琮的书学习中国古代数学的。我认为，钱宝琮的《中国数学史》是我读到的数学史著作中最好的一部，从史料到观点都很好，我学到了很多东西。"①吴先生对钱老主编的《中国数学史》的高度评价，正是他实事求是、严谨治学态度的反映，真正具有不为当时政治气候所左右的大家风范。他的这些话对我们真是振聋发聩。

　　当然，吴先生作为造诣特别深的现代数学家在某些方面站得比李钱二老要高，他发现了中国古代数学算法的机械化、程序化和构造性特点，指出中国传统数学属于世界数学发展的主流。吴先生身体力行，由此开创了数学机械化的研究。吴先生的言行和论著指导了 20 世纪 70 年代中期以后近 50 年的中国数学史研究。但是吴先生从未忘记李钱二老的著述对他的帮助。吴先生在其著述、讲话及为他人的著作写的序中多次表彰二老的贡献。1992 年 10 月我们组织"纪念李俨钱宝琮诞辰 100 周年国际学术讨论会"，吴先生百忙中赶来参加，并宣读贺词。贺词指出：鸦片战争和洋务运动之后，当中国传统数学"又一次濒临绝境"的时候，"李俨、钱宝琮二老在废墟上发掘残卷，并将传统内容详作评介，使有志者有书可读，有迹可寻。以我个人而言，我对传统数学的基本认识，首先得之于二老的著作。使传统数学在西算的狂风巨浪冲击之下不致从此沉沦无踪，二老之功不在王（锡阐）、梅（文鼎）二先算之下。"他赞颂"几经濒临夭折的中国传统数学，赖王、梅、李、钱等先辈的努力而绝处逢生并重现光辉"②。1996 年，辽宁教育出版社俞晓群社长委托我和刘钝主编《李俨钱宝琮科学史全集》，我们请吴先生和路甬祥院长出任顾问，吴先生欣然同意。在这一课题立项之初以及各卷的设想基本确定之后，我都登门向吴先生汇报，他表示赞同，并表示

---

　　① 郭书春.重温吴先生关于现代画家对古代数学家造像问题的教诲.本文系 2009 年 5 月在中国科学院系统科学研究所举行的庆祝吴文俊先生 90 华诞学术研讨会数学史组上的报告.原载台湾师范大学《HPM 通讯》第 12 卷第 10 期(2009)与《内蒙古师范大学学报(自)》2009 年第 5 期.收入《郭书春数学史自选集》下册.济南：山东科学技术出版社,2018.

　　② 吴文俊.纪念李俨钱宝琮诞辰 100 周年国际学术讨论会贺词.《李俨钱宝琮科学史全集》"代序"，见《李俨钱宝琮科学史全集》第 1 卷卷前.沈阳：辽宁教育出版社,1998.

要为之写序。经过数学史天文学史研究室全体同仁和硕士研究生、博士生几年间的共同努力,到 1998 年 6 月,各卷编纂基本完成,我撰写了"前言"①。我又一次向吴先生汇报时,他对编纂完成十分高兴,但表示现在实在太忙,无暇写序。而出版社因为此书要参加 1999 年第四届全国图书奖的评奖②,坚持 1998 年必须出版。我向吴先生建议,可否请人根据他的有关论述起草,他过目后作为序,但吴先生不愿假手于人。最后他同意我们将"致纪念李俨钱宝琮诞辰 100 周年国际学术讨论会的贺词"作为"代序"。

重温吴先生对李钱二老的评价,就可以知道,有人将吴先生与李钱二老对立起来,是背离吴先生的思想的。20 世纪 80 年代末,有人写了一篇谈重差术的文章,向《自然科学史研究》投稿,编辑部交我审稿。此文关于重差术造术的思路接近钱老,而有某些新的看法,与吴先生用出入相补原理解释重差术是不同的,但却在文前加了几百字,赞颂吴先生,而把李俨、钱宝琮作为吴先生的对立面,无端贬低、指责。考虑到这几百字与文章的论题毫无关系,而且与吴先生对李钱二老非常尊重的态度适相反对,我的审稿意见表示:删去开头这段,可以发表。不久编辑部告我:作者不同意删。我当即表示:那我改变审稿意见:不删这段,本刊不予发表。最后作者同意删去这几百字,发表了。我总认为:李钱二老不是不可以批评,但要言之有据。事实上,众所周知,我本人就多次指出过钱老著述中的不妥之处。

中国数学史研究是一条没有尽头的历史长河。任何人的研究,包括中国数学史学科奠基人的研究工作,都是这条历史长河中的一个阶段,与后来者的研究比较起来,肯定有不足之处。这就需要后来者在前人基础上继续探索。钱老的《中国数学史话》也不例外。这里仅举两个例子。

---

① 郭书春,刘钝.《李俨钱宝琮科学史全集》前言.《李俨钱宝琮科学史全集》第 1 卷卷前.沈阳:辽宁教育出版社,1998.又见《郭书春数学史自选集》下册.济南:山东科学技术出版社,2018.
② 《李俨钱宝琮科学史全集》1999 年获第四届全国图书奖荣誉奖.

在第四小节"各种比例问题的解法"中,钱老说:"粟米章第一题:'今有粟一斗,欲为粝米,问得几何?'它的解法是:'以所有数乘所求率为实,以所有率为法,实如法而一。'"这种说法欠妥。实际上粟米章此题的解法是:"术曰:以粟求粝米,三之,五而一。"而前述的解法是粟米章在"粟米之法"即各种粟米之率之后,包括此题在内的31个粟米互求的例题之前的总术,《九章算术》称之为"今有术"。此题的解法是今有术借助于粟率5、粝率3的具体应用。

在第十五小节"圆周率"中,钱老在谈刘徽求圆周率的程序时说,刘徽求出直径为2尺的圆面积不足近似值 $314\frac{64}{625}$ 寸^2,过剩近似值 $314\frac{169}{625}$ 寸^2 之后,"所以,$314\frac{64}{625}$ 寸^2 < 100π < $314\frac{169}{625}$ 寸^2 (100π 是圆面积)。刘徽舍去不等式两端的分数部分,即取 $100\pi = 314$,或 $\pi = \frac{157}{50}$。"这是说刘徽借助圆面积公式 $S = \pi r^2$ 求圆周率,是不符合刘徽注的。事实上,《九章算术》提出了圆面积公式"半周半径相乘得积步",即 $S = \frac{1}{2}Lr$。刘徽首先用极限思想证明了 $\lim\limits_{n\to\infty} S_n = S$ 和 $\lim\limits_{n\to\infty}[S_n + 2(S_{n+1} - S_n)] = S$。即当 $n \to \infty$ 时圆内接正多边形与圆周合体。然后对这个正多边形进行无穷小分割,"以一面乘半径。觚而裁之。每辄自倍。故以半周乘半径而为圆幂",从而证明了上述圆面积公式[①]。可是在20世纪70年代末以前,所有涉及刘徽割圆术的著述都忽略了刘徽这几句画龙点睛之语,因此都没有认识到刘徽首先在证明圆面积公式 $S = \frac{1}{2}Lr$,并且其求圆周率程序是以此为基础的。他在求出直径为2尺的圆的面积近似值为314寸^{2}之后,将其代入 $S = \frac{1}{2}Lr$,反求出圆周长的近似值为6尺2寸8分,将其与直径2尺相

① 郭书春.刘徽的面积理论.原载《辽宁师院学报(自)》1983年第1期.收入《郭书春数学史自选集》上册.济南:山东科学技术出版社,2018.

约,便得到了圆周率,即 $\pi = \dfrac{L}{d} = \dfrac{6 \text{尺} 2 \text{寸} 8 \text{分}}{2 \text{尺}} = \dfrac{157}{50}$。刘徽求圆周率不仅

未用圆面积公式 $S = \pi r^2$,反而用他求出的圆周率 $\dfrac{157}{50}$ 将《九章算术》中与

$S = \pi r^2$ 相当的圆面积公式 $S = \dfrac{3}{4} d^2$（其中取 $\pi = 3$）修正为 $S = \dfrac{157}{200} d^2$。

现在阅读《中国数学史话》应该注意这类问题。

2022 年五一国际劳动节防疫期间

于中国科学院华严北里寓所

重版序言

　　为了本书的再版，重新校读一遍，就下列三方面有些修改：(1)《五曹算经》和《韩延算书》的编纂年代，(2)《海岛算经》第三题的解释，(3) 其他文字的校对。在本书里恐怕还有不少错误，希望读者随时指教。

钱宝琮

1958 年 4 月

序 言

为了向科学进军,全国青年同志急迫地希望了解祖国历史上的科学成就,研究各门科学的发展历史。祖国古代的数学是自己发展起来的。古代数学家的伟大成就还传播到国外,做了有世界意义的数学发展的先驱。本书的第一节概括地叙述中国初等数学发展的史实,最后一节总结出中国数学的特征,其他各节写出中国数学各个主要部分的历史发展。目的在使读者对祖国优越的数学传统有初步的认识。关于十七世纪初年以后,西洋数学流传中国,清代数学家在高等数学方面的光辉成就,本书不加讨论。

在中国数学史研究中,有些问题是细致而复杂的,只有深入的讨论才能取得正确的结论;也有些问题虽然经过考证有了一定的结论,现在还不能作为定论。为了适应青年读者的要求,本书只介绍一些我自己认为满意的结论,琐碎的考据文字概从省略。

编写本书的时候,李俨先生和严敦杰先生提供了很多宝贵的意见,我向他们致诚恳的谢意。

钱宝琮

1956 年 11 月

目　录

再版序　郭书春

重版序言

序言

1 中国古代数学简史

数学是一连串的抽象理论和计算方法。我们从实践中获得数量和形象的概念,因而产生了数学,由感性认识提升到理性认识,再把它应用到实践中去。从中国古代数学史的研究中可以得到深切的体验。

我国古代在黄河流域一带开化极早。在农业生产方面有测量田地面积、推算仓库容量的经验,商业方面有物资交易的经验。为了日常生活上的实际需要,劳动人民对于数学必定有很多的认识。后来到封建社会初期,统治阶级为了要收纳赋税,必须建立一个会计制度;要防止河流泛滥,必须修建堤防,知道土方的计算;要修订一个适应农业生产的历法,必须知道日、月、星辰循环周期的统计;要制造各种器具,必须知道圆规、方矩的应用。各方面都需要些数学理论和计算方法,当时的数学家必定很早就有了伟大的成就。

春秋战国时期,学术文化各方面都有蓬勃的发展,数学也不能例外。但《汉书·艺文志》里没有著录秦以前的数学书籍,只说有杜忠《算术》十六卷,许商《算术》二十六卷。杜忠时代无考。许商是汉成帝时人,时代已相当迟了。现在有传本的古代数学书是《九章算术》九卷。这本书包含二百四十六个应用问题和各题的解法,分别隶属于下列九章,所以称为《九章算术》。

章 名	主要内容
一、方 田	面积的量法和分数算法。
二、粟 米	粮食交易——简单比例问题。

三、衰　分　　配分比例问题。

四、少　广　　开平方和开立方。

五、商　功　　体积的量法。

六、均　输　　政府征收实粮——"均输"法的计算，其他算术难题。

七、盈不足　　盈亏类问题的解法。其他类型的难题也用盈亏类问题解法处理。

八、方　程　　联立一次方程组解法，正负数。

九、勾　股　　勾股定理的应用问题，勾股测量。

"方田"到"商功"五章起源很古，但也有汉朝人加入的问题。"均输"章无疑是汉武帝太初元年（公元前104年）实行"均输"法后写成的。又，《周礼·地官》说到"九数"，第一世纪中郑众注解说，"九数：方田，粟米，差分，少广，商功，均输，方程，赢不足，旁要，今有重差，钩股。"可见勾股算法原来不属于东汉初年的"九数"，用"勾股"代替"旁要"作为《九章算术》的第九章，大概是第一世纪末年的编制。杜忠《算术》和许商《算术》没有传本，它们的成就大概包含在后出的《九章算术》之内。

在《九章算术》成书之前，还有一部讨论天文测量的书，叫《周髀》，里边引用繁复的分数乘除、勾股定理和开平方法，有不少数学史料。《周髀》有三国初年赵爽的注，他总结了东汉时期的勾股算法，用面积图形证明各个定理。

《九章算术》有魏末晋初刘徽的"注"（约公元263年）。他把《九章》中的各项算法——说明，并且批判了旧术不正确的地方，补充了新的计算方法，创立了准确的圆周率。他又编写"重差"一章补在《九章算术》的后面。后来这一章单行，称为《海岛算经》。

从三国到唐初四百年中，数学研究有显著的进步。《隋书·经籍志》著录的数学书有三十余种之多。除了赵爽注的《周髀》、刘徽注的《九章算术》和《海岛算经》外，还有《五曹算经》五卷、《孙子算经》三卷、《张丘建算经》三卷、《五经算术》一卷、《数术记遗》一卷五种，现在有传本。其中《孙子算经》大约是第四世纪中的书，卷下的"物不知数"问题是一个一次同余式问题。《张丘建算经》是第五世纪末元魏朝的书，有等差级数问题和"百鸡"问题。

失传数学书中，有一种是祖冲之（429—500年）的《缀术》五卷。根据《隋书·律历志》和其他参考资料，我们知道《缀术》的内容是非常丰富的，有比刘徽的更精密的圆周率近似值，有正确的球体积量法公式，有三次方程解法等辉煌成就。

第七世纪初，王孝通撰《缉古算术》一卷，现在有传本。他选取的立体积问题和勾股问题，都需要列出三次方程，求它的正根来解答。

隋朝和唐朝在国立大学内设置"算学"馆，有"算学博士"和"助教"指导大学生学习数学。唐显庆元年（656年）明文规定《周髀》《九章》《海岛》《五曹》《孙子》《夏侯阳》《张丘建》《五经算》《缀术》《缉古算术》十部算书为"算学"课本，因而这十部书有《算经十书》的名称。

唐朝大学中虽然重视数学，但为《算经十书》所局限，没有在祖冲之、王孝通的数学基础上作更进一步的发展。在另一方面，唐朝工商业比较发达，劳动人民要求简化数字计算工作，因而出现了不少的实用算术书。其中有第八世纪时候韩延所编写的一部实用算术。因为他在这部书的开始征引了《夏侯阳算经》的几节，宋朝欧阳修等编订《新唐书·艺文志》时（1060年），误认这本是晋朝流传下来的《夏侯阳算经》。元丰七年（1084年），秘书省刻《算经十书》时就用这个伪本充数。唐、宋两朝的实用算术书大都失传，只有韩延的书借《夏侯阳算经》的名义流传到现在，可以说是不幸中的大幸了。

约在公元1050年前后，贾宪撰《黄帝九章算法细草》，在"少广"章中介绍"开方作法本源"和"增乘开方法"。此后刘益撰《议古根源》，又推广增乘开方法的应用。这二部书现在都已失传，靠南宋杨辉《详解九章算法》（1261年）和《田亩比类乘除捷法》（1275年）所引，我们可以了解这些伟大成就。杨辉的《乘除通变本末》三卷（1274 年）中还保存了不少其他宋朝失传数学书中的各种乘、除捷法。

南宋秦九韶撰《数书九章》十八卷（1247 年）。他把唐、宋天文学家的"上元积年"算法发展为"大衍求一术"。在高次方程解法和联立一次方程组解法上也有相当重要的贡献。

在十三世纪中，中国北方的数学家发明一种新的代数学，叫"天元术"。从已知的条件列出方程，利用天元术要便利得多。许多不容易对付的数学问题，有了天元术就有办法解决了。因此，十三世纪中国数学的发展获得飞跃的进步。那时的代表著作现在有传本的有李冶的《测圆海镜》十二卷（1248 年）、《益古衍段》三卷（1259 年），朱世杰的《算学启蒙》三卷（1299 年）、《四元玉鉴》三卷（1303 年）。

十四世纪以后，天元术进入停滞不前的阶段。珠算术渐渐流行起来，到十六世纪中有很多种珠算实用算术书出版，如程大位的《算法统宗》（1592 年）里就有关于算盘和它的用法的详细叙述。而古代算术和元初的天元术，利用算筹演算的方法，很少有人研究。

十六世纪末，意大利天主教耶稣会教士利玛窦（1552—1610 年）到中国传教，宣扬西洋数学和天文学的优越性，当代知识分子从他学习的很多。徐光启翻译欧几里得的《几何原本》前六卷（1607 年）和李之藻编写的《同文算指》十卷（1613 年）是初次介绍西洋数学的两种重要文献。崇祯二年（1629 年）设立西洋新法历局，在局供职的西洋教士邓玉函、罗雅谷、汤若望等编译关于球面三角法和天文测量的书。波兰教士穆尼阁在南京介绍对数计算法给薛凤祚，译成《历学会通》书（1652 年）。清康熙帝提倡西洋学术，聘请法国教士多人翻译西洋数学，编成《御制数理精蕴》四十五卷（1723 年）等书。

清初的数学家如梅文鼎（1633—1721 年）等大都研究西洋数学有心得，编写了数学各科的入门书。

乾隆、嘉庆两朝（1736—1820 年）学术潮流偏向古典考证学一路发展，数学研究转到古代数学方面去。湮没四百余年的《算经十书》和宋、元数学名著又陆续从《永乐大典》中和旧家藏书中发掘出来。通过戴震、李潢、焦循、汪莱、李锐、沈钦裴、罗士琳等校勘补注,中国古代数学又发扬光大起来。

鸦片战争以后,五口通商,西洋学术传入中国的机会更多。李善兰和英国基督教士伟烈亚力合译《几何原本》后九卷(1856年)、《代数学》十三卷(1859年)、《代微积拾级》十八卷(1859年)、《曲线说》三卷(1866年)等书。此后华蘅芳又译出《代数术》(1873年)、《微积溯源》(1878年)、《三角数理》(1877年)、《决疑数学》(1888年)等书。从1840年到1911年这个时期内,中国数学家们,包括李善兰、华蘅芳在内,都能会通中西数学,获得很多的辉煌成就。这些成就主要是在高等数学范围内,不预备在这本小书内介绍了。

第七世纪中印度数学曾经传入中国,第十三、四世纪中伊斯兰数学曾经传入中国,是中国数学史上的两件大事。但中国数学的发展很少受到它们的影响。我们可以明确指出来的,只有朱世杰《算学启蒙》所录的“大数法”有恒河沙、阿僧祇、那由他等单位,“小数法”有沙、尘、埃、渺……弹指、刹那等单位,显然是借用佛教经典中印度大小数单位名目;吴敬《九章比类算法大全》(1450年)有“铺地锦”乘法,显然是阿拉伯人土盘算法的一种乘法。十七世纪以后西洋数学的传入,情况就大不相同了,利玛窦等传进来的是西洋最新鲜的数学成就,徐光启等的翻译工作又十分认真,所以对于清朝数学的发展影响极大。

中国数学在它的萌芽时期,是适应生产而产生的。后来,数学内在的需要又产生新的概念和新的方法,重复服务于各种生产活动。元朝的《授时历法》(1280年)和《河防通议》(1321年)都引用了发明不久的天元术,是一个典型的例子。

中国古代数学家创造出来的许多伟大成就是有世界意义的。为了要理解这些伟大的成就,我们在以下各节里,提出二十多个专题,分别讨论它们的发展历史。

2 算筹记数·四则运算

　　我国古代用竹筹记数,并且运用竹筹来做加、减、乘、除等等的计算工作。《说文解字》竹部中"算"字下说:"算:从竹从具,长六寸,计历数者。"这是说明"算"是一切数字计算所用的竹制的工具。"算"有时叫做"筹",后来的人叫它"算子"。《汉书·律历志》说:"其算法用竹,径三分[①],长六寸。"汉王莽时一尺大约长 0.230 4 公尺或 0.691 2 市尺。算筹长六寸,合4.15 市寸,径三分,合 2.07 市分。北周甄鸾《数术记遗》说:"积算,今之常算是也。以竹为之。长四寸以效四时,方三分以象三才。"《隋书·律历志》说:"其算用竹,广二分,长三寸。"北周和隋朝的官尺,一尺长王莽时尺的一尺二寸八分,隋朝的算筹长三寸,约等于现在的 2.65 市寸,广二分,约等于现在的 1.77 市分。由此可见从汉到隋计算用的算筹渐渐改得短小,运用起来比较便利了。算筹质料用竹之外,有木制的,也有象牙制的。计算时把筹马放在几上,后来的数学家用一个特制的和围棋盘相仿的算盘。算筹不用时有盛贮的算子筒,出外携带时用算袋。

　　古代算筹记数的制度,在《周髀算经》和《九章算术》里都没有记录,我们只能在晋朝或南北朝时期的数学书里知道算筹记数的一般法则。古代的算筹的功用大致和后来的算盘珠相仿。五以下的数目,用几根筹表示几,六、七、八、九四个数目,用一根筹放在上边表示五,余下来每一根筹表

---

① 　现在流传本的《汉书》都写作"一分",是错误的。

示一,表示数目的时候有纵横两种方式:

纵式　｜　‖　‖‖　‖‖‖　‖‖‖‖　丅　帀　帀‖　帀‖‖

横式　一　二　三　亖　亖　⊥　⊥　⊥‖　⊥‖‖

　　　　1　2　3　4　5　6　7　8　9

表示一个多位数,它的各位数目的筹式须要纵横相间,个位数目用纵式表示,十位数目用横式表示。百位、万位用纵式,千位、十万位用横式。例如6728,用算筹摆下来是⊥帀二帀‖。数字有空位的时候,如6708,算筹布置作⊥帀　帀‖,在十位上就空着不放算筹。又如6020,算筹布置作⊥　二　,百位、个位都空着,不放算筹。因为布置算筹须要纵横相间,两个数目中间有没有空位是很容易辨别的。《孙子算经》说:"凡数之法,先识其位。一纵十横,百立千僵。千、十相望,万、百相当。"《夏侯阳算经》说得更详尽,"一纵十横,百立千僵。千、十相望,万、百相当。满六以上,五在上方。六不积算,五不单张。"都是用歌诀来教导小学生的。

　　算筹记数是古人在生产过程中自然形成的制度。用极简单的竹筹,纵横排列,就可以表示出任何数字。虽然没有表示空位的符号0,而能够实行地位制(principle of local value)的记数法,为加、减、乘、除的运算建立起良好的条件。我国古代数学在数字计算方面有优越的成就,应当归功于算筹记数的合理方法。

　　古代的筹算术经过长时间的发展过程而演变为现在流行的珠算术。这两种算术所用的工具虽然不同,但是都用地位制记数,加、减、乘、除的运算法则是基本上相同的。筹算的加、减法,在古代算书里没有记录。但是在二数相乘时,把部分乘积合并起来就是用加法,在做除法时,把部分乘积逐步减去也就是用减法。由此可知,筹算的加、减法都是从左边到右边逐位相加或减去。同一位的二数相加满十以上,即进入左边一位(左边一位增加一筹)。减法,被减数的某位数目小于减数数目时,向左边一位取用一筹。这些都和珠算术的做法一样。

　　筹算的乘、除法都要用九九口诀。唐朝以前的乘、除口诀四十五句,从

"九九八十一"开始,到"一一如一"终止,次序和后世的口诀恰恰相反。因为口诀开始的两个字是"九九",所以乘法表就叫做"九九"。又因为一般算术离不了乘、除,乘、除都要熟练"九九",所以在古代,"九九"又是算术的代用名词。《管子·轻重戊》篇说:"宓戏作九九之数。"《周髀算经》中赵爽注:"九九者,乘、除之原也。"《夏侯阳算经》说:"乘、除算法,先明九九。"

乘、除法则在《孙子算经》和《夏侯阳算经》(唐人韩延所引)里说得很详备。二数相乘时先用算筹布置一数于上格,一数于下格,没有被乘数和乘数的名义。把下格的数向左边移动,使下数的末位和上数的首位对齐。以上数首位数目乘下数各位,从左边到右边,用算筹布置逐步乘得的数于上下两格的中间,并且把后得的乘积依次并入前所得的数。求得了这一个部分乘积之后,把上数的首位去掉,下数向右边移过一位。再以上数的第二位乘下数各位,并入中间已得的积数内。这样继续下去,到末了上数各位一一去掉,中间所列就是二数的相乘积。

例如78×56,先布置算筹如图1。以上数首位≡乘下数首位⊥,呼"五七三十五",即置≡⫰于中格。以≡乘下数第二位〒,呼"五八得四十",把⫰⫰并入前面所得的≡⫰,得≡〒。

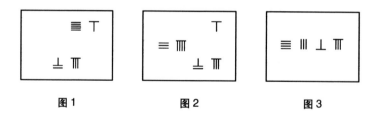

图1   图2   图3

去掉上数首位≡,把下数向右移过一位如图2。以上数第二位丅乘下数各位,先得"六七四十二",并入中格已得的数,作≡⫰≡。次得"六八四十八",并入已得的数,作≡⫰⊥〒,这时上下数可以完全去掉,只剩中间的4368便是所求的乘积,如图3。

在古代筹算法里,被除数叫做"实",除数叫做"法",所求的结果叫做"商"。甲数被乙数除得商数,在古代算书里说"实如法而一,得所求"。

古筹算除法的演算步骤和乘法相反。用算筹布置实数于中格,法数于下格,所得的商数布置在上格。先把法数的首位放到实数首位的下边,议好应得商数的首位。如果实数不够大,把法数向右移过一位,再考虑商数的首位。以商数首位乘法数各位,从左边到右边,随即在中格实数内减去每次乘得的数。乘好减好后,把法数向右移一位,再议商数的第二位。以商数的第二位依次乘法数各位,从实数内减去每次乘积。这样,到中格实数减完时,就得到所求的结果。实数减不尽就是有余数。

例如 4 392÷78,先用算筹布置实数、法数,如图 4。因实数首二位 ≣‖‖ 小于法数 ⊥Ⅲ,不够除,把法数向右边移一位如图 5。议得商数首位 ≣ 置于实数十位之上,以 ≣ 乘法数首位 ⊥,呼"五七三十五",从实数内减去,余 Ⅲ ≣‖,再以 ≣ 乘法数第二位 Ⅲ,呼"五八得四十",从中格减去,余 ‖‖ ≣‖。把法数再向右移一位如图 6,议得商数的个位数 T。以 T 乘法数首位 ⊥,呼"六七四十二",从中格减去,余 ⊥‖,以 T 乘法数次位 Ⅲ,呼"六八四十八",从中格减去,余 ═‖‖,如图 7。这样我们就得到商数 56 和余数 24。以七十八除四千三百九十二,得五十六又七十八分之二十四。

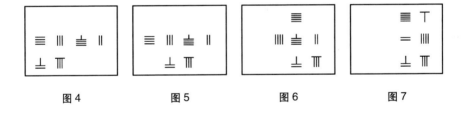

图 4   图 5   图 6   图 7

3 分　数

上节叙述筹算除法。以法除实得到整数商后,如果还有多余的实数,那末就用余数作分子,法数作分母,得到商数的奇零分数。例如 4 392 以 78 除,最后算筹布置如上节图 7,得 56 又 78 分之 24。因 78 和 24 二数都可以被 6 除尽,故 $\dfrac{24}{78}$ 可以简化作 $\dfrac{4}{13}$,因而上述例题的答是 $56\dfrac{4}{13}$,算筹布置如图 8。

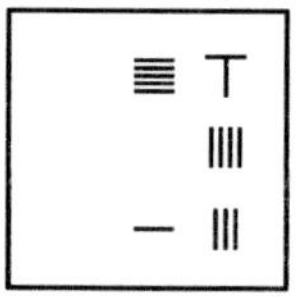

图 8 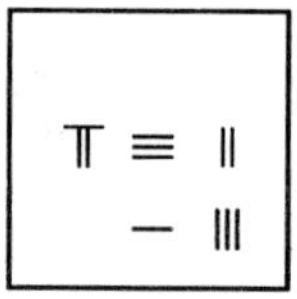　　　　　　图 9

化带分数为假分数,在《九章算术》和以后的算书里都叫做"通分内子"("内"读如纳),它的演算步骤就是除法的还原。以 一Ⅲ 乘 ≡Ｔ 加到中格去便得到 ℸ≡Ⅱ,如图 9。也就是把 $56\dfrac{4}{13}$ 通分内子得 $\dfrac{732}{13}$。

中国古代数学家很早就知道用公约数约分子、分母来简化一个分数。在分子、分母的公约数不容易发见时,用"更相减损法"去求它。《九章算术·方田》章里:"约分术曰,可半者半之,不可半者副置分母、子之数,以少减多,更相减损,求其等也。以等数约之。"这就是说:如果分子、分母都是偶数,可以折半的先把它们折半,不都是偶数的就求出分子、分母的最大公约数约之。所谓"等数",就是被减数和减数相等时的数值,也就是所求的最大公约数。这种更相减损法和欧几里得的辗转相除法理论是相同的。筹算除法须要布置上、中、下三格算筹,手续麻烦。现在商数既然无关重要,用屡减法来替代除法,同样可以求出最大公约数,手续比较简便。例如化简分数$\frac{24}{78}$时,另外用算筹布置24、78二数如图10。从⊥Ⅲ里三次减去=Ⅲ,得余数丅,如图11。再从=Ⅲ里屡次减去丅,到第三次得余数丅,上下所列的数相等,如图12。这个丅叫做"等数",就是所求的最大公约数。用6约分母得13,约分子得4,原来的分数即可化简为$\frac{4}{13}$。

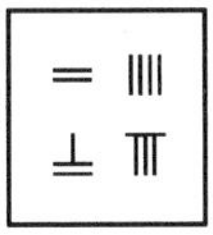

图 10 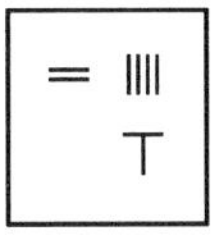   图 11 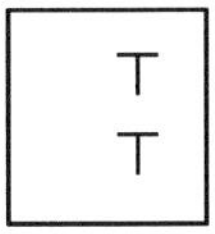   图 12

《九章算术》"方田"章称,分数相加叫"合分",相减叫"减分",都须要通分使分母都相同,然后加、减。"合分术曰,母互乘子并以为实,母相乘为法,实如法而一。不满法者以法命之。""减分术曰,母互乘子,以少减多,余为实,母相乘为法,实如法而一。"例如:

$$\frac{1}{3} + \frac{2}{5} = \frac{1 \times 5 + 2 \times 3}{3 \times 5} = \frac{11}{15}$$

分母互乘分子得 1×5 和 2×3,相加得 11 为被除数,分母相乘 3×5 = 15 为除数。以除数 15 除被除数 11,因 11 小于 15,即以$\frac{11}{15}$为相加的结果。

$$\frac{1}{2} + \frac{2}{3} + \frac{3}{4} + \frac{4}{5} = \frac{60 + 80 + 90 + 96}{120} = \frac{326}{120} = 2\frac{43}{60}$$

第一个分子 1 以 3×4×5 乘得 60,第二个分子 2 以 2×4×5 乘得 80,第三个分子 3 以 2×3×5 乘得 90,第四个分子 4 以 2×3×4 乘得 96,相加得被除数 326。分母相乘得除数 120。

$$\frac{8}{9} - \frac{1}{5} = \frac{40 - 9}{45} = \frac{31}{45}$$

分子 8 以分母 5 乘得 40,分子 1 以分母 9 乘得 9。从 40 减去 9 余 31,为被除数。分母相乘 9×5＝45 是除数。

此外,还有所谓"课分术"和"平分术"。"课分术"是比较分数的大小,"平分术"是求几个已知分数的平均值,也都要先通分而后计算的。

"方田"章里的通分法还不知道应用最小公分母,但在"少广"章里有几个问题的解法却用着最小公倍数作公分母。"少广"章第六题:"今有田广一步半,三分步之一,四分步之一,五分步之一,六分步之一,七分步之一。求田一亩问从①几何?"这个题的解法是先求田的广,得:

$$1 + \frac{1}{2} + \frac{1}{3} + \frac{1}{4} + \frac{1}{5} + \frac{1}{6} + \frac{1}{7}$$

$$= \frac{420 + 210 + 140 + 105 + 84 + 70 + 60}{420} = \frac{1\,089}{420} \text{步}$$

已知 1 亩＝240(方)步,故得田的长是:

$$240 \times 420 \div 1\,089 = 92\frac{612}{1\,089} = 92\frac{68}{121} \text{步}$$

分数相乘叫做"乘分"。"方田"章,"乘分术曰:母相乘为法,子相乘为实,实如法而一。"第二十四题:"田广十八步,七分步之五,从二十三步,十一分步之六,问为田几何?"演算步骤大略如下:

$$18\frac{5}{7} \times 23\frac{6}{11} = \frac{131}{7} \cdot \frac{259}{11} = \frac{33\,929}{77} = 440\frac{49}{77}$$

---

① "从"即"纵",就是田的长。

即 1 亩 $200\dfrac{7}{11}$（方）步。

分数除法叫做"经分"。"方田"章术文笼统，实际算法不大清楚。在刘徽注解里有"以法分母乘实，实分母乘法"等话，知道是用法数的分子、分母颠倒而后相乘的。

在西洋古代数学里，奇零分数，或采用埃及人的单分数方法，或采用巴比伦人的六十分制，乘、除演算都很麻烦。近代算术里的分数算法，大概于十五世纪中开始在欧洲各国通行。当时的数学家多说这种算法起源于印度，而由阿拉伯人介绍到欧洲的。然而印度数学有很多部分是承袭中国的，印度分数算法可能是从中国传去的。婆罗笈多（628 年）和后世数学家所撰算书，记录分数都写分子于分母之上。分数加、减、乘、除算法，也都和《九章算术》里的方法相同。所不同的就是印度人改中国筹算术为笔算，这在数学史上确是进步的。

印度算术传入阿拉伯，阿拉伯人添一条横线于分子、分母之间，和现在的分数记法相同。

意大利人班乞奥利（Pacioli）于 1494 年写一算术书，求最大公约数也用更相减损法。他自己说这种方法是第六世纪中罗马数学家波伊替斯（Boethius）所传下的方法，它的远源或者还是从中国传去的。

明末西洋笔算术传到中国，李之藻从意大利耶稣会教士利玛窦学习数学，编译《同文算指》"前编"二卷、"通编"八卷。"前编"卷下介绍分数算法，把分母放在横线之上，分子放在横线之下，记六又七分之四作 $\boxed{\begin{smallmatrix}七\\六 \;\overline{}\\四\end{smallmatrix}}$ ，和中国古筹算式以及西洋笔算法都不合，不知道他为什么要这样写法。清朝研究西洋数学的人大多盲从《同文算指》的分数记法，现在看起来很容易引起误会。

《同文算指》里，最大公约数叫做"纽数"，也用更相减损法去求它。通分时，先求出二分母的纽数，以纽数除二分母的相乘积便得"共分母"。那时还没有最大公约数和最小公倍数两个名词。

　　清末新式学校中算术课程采用西洋分数记法和四则算法，和现在教科书完全相同了。

4 各种比例问题的解法

《九章算术》"粟米"章的开始列举了各种食粮价格的比率如下:"粟米之法:粟率五十,粝米三十,稗米二十七,繫米二十四……"这是说:谷子五斗去皮可得糙米三斗,又可以舂得九折米二斗七升,或八折米二斗四升。"粟米"章内许多食粮都依这比率计算。

"粟米"章第一题:"今有粟一斗,欲为粝米,问得几何?"它的解法是:"以所有数乘所求率为实,以所有率为法,实如法而一。"这个题是有粟求粝米,一斗(10升)为所有数,5为所有率,3为所求率。依术得所求数为 $10 \times 3 \div 5 = 6$ 升。就是一斗谷子可以舂六升糙米。刘徽"注"说明这种解法的理由,大致说:所求数和所有数之比,是以所求率为子,所有率为母的分数。用这分数乘所有数,便得所求的数。因先除后乘在除不尽时计算不大方便,所以术文取先乘后除的说法。这种方法不但能计算食粮的数量,也能解决日常生活上一般的比例应用问题。因为这类应用问题大都依据"今有"的数据,问所求的数,刘徽就用"今有术"作为这类问题解法的专用名词。

在《九章算术》和后来的数学书里,没有把各种比例问题立出像"简比例"、"复比例"、"连锁比例"等名目,分别规定特殊的解法。"衰分"章、"均输"章和"勾股"章中许多不同类型的比例问题,刘徽"注"一律用"今有术"说明它们的解法。例如"衰分"章第十一题:"今有丝一斤价二百四十(钱)①,今

---

① 引文中括号里的字是本书作者所加,目的是帮助读者更容易理解原文的意思,以下同。

有钱一千三百二十八,问丝几何?"这题的解法:以 1 328 钱为所有数,丝 1 斤为所求率,240 钱为所有率,求得丝 $1\,328\times1\div240=5\dfrac{8}{15}$ 斤 $=5$ 斤 8 两 $12\dfrac{4}{5}$ 铢(1 斤 $=16$ 两,1 两 $=24$ 铢)。又如第十八题:"今有生丝三十斤,干之(烘干后),(蚀)耗三斤十二两,今有干丝十二斤,问(原来)生丝几何?"这题的解法:以干丝 12 斤为所有数,$30\times16=480$ 两为所求率,三斤十二两是 $3\times16+12=60$ 两,$480-60=420$ 两为所有率,求得原来生丝 $12\times480\div420=13\dfrac{5}{7}$ 斤 $=13$ 斤 11 两 $10\dfrac{2}{7}$ 铢。又如第二十一题:"今有贷(借)人千钱,(每)月(利)息三十(钱)。今有贷人七百五十钱,九日归(还)之。问(利)息几何?"这题的解法:以 9 日乘 750 钱为所有数,30 钱为所求率,30 日乘 1 000 钱为所有率,求得利息 $9\times750\times30\div(30\times1\,000)=6\dfrac{3}{4}$ 钱。又如"均输"章第十题:"今有络丝(生丝)一斤练(熟)丝十二两,练丝一斤为青丝一斤十二铢,今有青丝一斤,问本(来)络丝几何?"这题的解法:以青丝一斤(384 铢)为所有数,练丝 1 斤两数 16 乘络丝一斤铢数 384 为所求率,练丝 12 两乘青丝 $384+12=396$ 铢(1 斤 12 铢)为所有率,求得原来络丝 $384\times16\times384\div(12\times396)=496\dfrac{16}{33}$ 铢 $=1$ 斤 4 两 $16\dfrac{16}{33}$ 铢。

在杨辉《详解九章算法》附"纂类"中,上面所举的"今有术"问题都归入"互换"门,废去"今有术"名目。在朱世杰《算学启蒙》和程大位《算法统宗》中,这类比例问题的解法又叫做"异乘同除法"。

《九章算术》里所谓"衰分"就是现在算术教科书里的配分法。"衰分术曰,各置列衰(所配的比率),副并(得所配比率的和)为法,以所分乘未并者各自为实,实如法而一。"刘徽"注"说:"列衰各为所求率,副并(所得的和)为所有率,所分为所有数。"用"今有术"计算,就可以得到各所求数。例如"衰分"章第二题:"今有牛、马、羊食人苗,苗主责之粟五斗,羊主曰,我羊食半马(所食),马主曰,我马食半牛(所食),今欲衰偿之,问各几何?"依照羊主人、马主人的话,牛、马、羊所食粟相互之比率是4：2：1,就用4、2、1各为所求率,4+2+1＝7为所有率,粟50升为所有数。以"今有术"演算得牛主人应偿$\frac{4×50}{7}=28\frac{4}{7}$升,马主人应偿$14\frac{2}{7}$升,羊主人应偿$7\frac{1}{7}$升。

又"均输"章第五题:"今有粟七斗,三人分舂之,一人为粝米,一人为粺米,一人为糳米。令米数等,问取粟为米各几何?""术曰,列置粝米三十,粺米二十七,糳米二十四而返衰之。"这是说三人中舂粝米的应少取粟,舂糳米的应多取粟,各以$\frac{1}{30}$、$\frac{1}{27}$、$\frac{1}{24}$或$\frac{1}{10}$、$\frac{1}{9}$、$\frac{1}{8}$为列衰。按照衰分术算得舂粝米的人应取粟$7×\frac{1}{10}÷\left(\frac{1}{10}+\frac{1}{9}+\frac{1}{8}\right)=2\frac{10}{121}$斗,舂成粝米$2\frac{10}{121}×30÷50=1\frac{151}{605}$斗。

衰分在程大位《算法统宗》里改称"差分"。

在古代印度数学中有所谓"三率法"的(也称三数法则)就是我们的"今有术"。三率各有专名,相当于"今有术"的所有率、所有数和所求率。依照一定的次序列出,第一率和第三率必须是同类的数量。以第二率、第三率相乘,以第一率除,便得所求的数。可见印度三率法和中国今有术是一致的,只是他们强调三率的先后次序。

印度三率法传入阿拉伯回教国家,再由阿拉伯人传到西欧各国,仍旧保持三率法的名义。欧洲人叫它 regula trium, the rule of three,但废去各率的专名。并且写成像下列的算式:

12 码—20 先令—6 码

欧洲商人重视这种算法,叫它"金法"。十七世纪中一个数学家说,如同黄金是五金中最可宝贵的一样,三率法是各种算法中最可宝贵的算法。在十六世纪以后,三率法也叫做"比例"。现在教科书中所谓"反比例"的问题,原本不属于"今有术"的问题。十六世纪中西洋数学家解这类问题时,也把已知的数据,和三率法相仿,依次排列,但计算时以第一率、第二率相乘,以第三率除,便得所求的结果。因为用右边的数作除数,和正比例算法用左边的数作除数的恰恰相反,所以有反比例的名目。

四率	三率	二率	一率
一百九十二两	二百四十石	八钱	一石

图 13

利玛窦到中国后,李之藻从他学习西洋算术,编译《同文算指》,介绍三率法的应用。清朝的康熙帝也提倡西洋算术,在《数理精蕴》中叙述比例算法更加详备。正比例第一题:"设如有银买米,每米一石银八钱,今买米二百四十石,问共该银若干?""法以一石为一率,银八钱为二率,今买米二百四十石为三率。二、三率相乘,一率除之,得四率一百九十二两,即其银数也。"

现在把《同文算指》《数理精蕴》和现在的算术教科书中所用的各种比例的名称列表对照如下:

《同文算指》	《数理精蕴》	现在的教科书
三率准测法	正比例	正比例
变测法	转比例	反比例
重准测法	合率比例	复比例
合数差分法	按分递折比例	配分比例(比例分配)

在长时期的实践工作中,西洋数学家觉察到印度的三率法和欧几里得《几何原本》里的比例法有同等的作用,但是三率法没有把二个比率相等的意义明白表示出来,终究是一个遗憾。十八世纪以后的欧洲算术教科书才把三率法的第二率、第三率交换过来改写成现在的形式:

$$所有率 : 所求率 = 所有数 : x$$

从《九章算术》的"今有术"逐渐演变到现在教科书中的比例,足有二千年的发展历史。中间经过印度、阿拉伯和西欧各国数学家的修订和改造,使得各种比例问题更容易得到解决。

5 盈不足术

《九章算术》的第七章叫"盈不足",里边有二十个问题都是用盈不足术来解决的。这个盈不足术在中国数学史上是一个原始的解题方法,后来的数学家并不十分重视。但是它流传到西洋之后,却有它的辉煌的发展过程,在世界数学史上是有光荣的地位的。

"盈不足"章开宗明义的第一题是:"今有(人)共买物:(每)人出八,盈三;(每)人出七,不足四。问人数物价各几何?"这在现在的算术教科书里是一个所谓"盈亏类"的问题。"盈不足"章这一类问题解法的原文是:"置所出率,'盈'、'不足'各居其下。令维乘所出率,并以为'实',并'盈'、'不足'为法……置所出率,以少减多,余,以约'法'、'实'。'实'为物价,'法'为人数。"设每人出钱 a_1,盈 b_1;每人出钱 a_2,不足 b_2。u 为人数,v 为物价。那末,依据术文得下列二公式:

$$u = \frac{b_1 + b_2}{|a_1 - a_2|}, \quad v = \frac{a_2 b_1 + a_1 b_2}{|a_1 - a_2|} \tag{1}$$

上述第一题的算筹演草大致如图14:

$$实 = 7 \times 3 + 8 \times 4 = 21 + 32 = 53$$

$$法 = 4 + 3 = 7$$

因 $$8 - 7 = 1$$

故 物价 $v = 53$

图14

19

$$人数 \quad u = 7$$

刘徽"注"用现在的代数算式表达出来,大致如下:

$$v = a_1 u - b_1$$

$$v = a_2 u + b_2$$

以 b_2 乘第一式,以 b_1 乘第二式,相加得

$$(b_2 + b_1)v = (b_2 a_1 + b_1 a_2)u$$

因而
$$\frac{v}{u} = \frac{b_2 a_1 + b_1 a_2}{b_2 + b_1} \tag{2}$$

又,二式相减,得 $\quad (a_1 - a_2)u - b_1 - b_2 = 0$

故
$$u = \frac{b_1 + b_2}{a_1 - a_2}$$

$$v = \frac{b_2 a_1 + b_1 a_2}{a_1 - a_2}$$

《九章算术》"盈不足"章的最前四个例题所设的盈数 b_1 和不足数 b_2 都是正数,是正规的盈亏类问题。在这四题之后,又提出了"两盈"一题 $(b_1 > 0, b_2 < 0)$,"两不足"一题 $(b_1 < 0, b_2 > 0)$,"盈适足"一题 $(b_1 > 0, b_2 = 0)$,"不足适足"一题 $(b_1 = 0, b_2 > 0)$。各题的解题术文分别作出了适当的修正。实际上,如果在公式(1)里我们不规定 b_1、b_2 都是正数,这八个问题是可以一并处理,无须为后列的四题另订条文的。由此可见"盈不足"章写成的时代还是在东汉之前,那时还不知道利用负数的概念来简化解题的方法。

所谓盈不足术并不是专为解决上述的八个例题而设立的。本章内提出了形式上不属于盈亏类的十二个算术难题,但是都用盈不足术来解决。一般算术问题的解法是运用题中已知的数逐步推算所求的答案。分析问题的性质有许多类型,每一个类型的问题都有它的特殊的解法。初学算术

的人遇到稍难的问题,往往摸不着头脑,不知道用什么方法对付。编写"盈不足"章的数学家,以为一切算术问题不管它属于哪个类型,都可以用盈不足术来解决。把盈不足术看作一种万能的算法。比如上述的第一题里,在"人出八,盈三,人出七,不足四"的条件下,我们可以问:每人应该出多少钱才能适足呢? 应用盈不足术我们可以算出代表物价的"实",和代表人数的"法"。那末以"法"除"实",就可以得到每人应该分摊的钱数。

$$\frac{v}{u} = \frac{b_2 a_1 + b_1 a_2}{b_2 + b_1} = \frac{53}{7} = 7\frac{4}{7}$$

任何算术问题都有所求的答数。我们任意假定一个数值作为答数,依题验算,假使算得的一个结果和题中表示这个结果的已知数相等,那末,这个答数是被猜对了。假使验算所得的结果和题中的已知数不符,而相差的数量或是有余,或是不足,那末,通过两次不同的假设,就把原来的问题改造成一个盈亏类的问题。按照盈不足术,就能解出所求的答数来。

　　例如第十一题:"今有醇酒一斗值钱五十,行酒一斗值钱一十。今将钱三十得酒二斗,问醇、行酒各得几何?"这题的解法是:"假令醇酒五升,行酒一斗五升,有余(钱)一十;令之醇酒二升,行酒一斗八升,不足(钱)二。"依据术文演算如后: 假设醇酒有五升,那末行酒有 20-5 = 15 升。共值钱 5×5+15×1 = 40,比题中的 30 钱多余 10 钱。又假设醇酒只有 2 升,那末行酒有 20-2 = 18 升,共值钱 2×5+18×1 = 28,比 30 钱不足 2 钱。以盈不足术解这题得醇酒升数应是 $\frac{5×2+2×10}{2+10} = \frac{30}{12} = 2\frac{1}{2}$,因而行酒升数是 $20-2\frac{1}{2} = 17\frac{1}{2}$。

　　又如第十三题:"今有漆三(换)得油四,油四(调)和漆五。今有漆三斗,欲令分以易油,还自和余漆,问出漆、得油、和漆各几何?"解题:"术曰,假令出漆九升,不足六升;令之出漆一斗二升,有余二升。"依据术文原意是: 假设取出漆 9 升,换得油 12 升,可以和漆 15 升。9 升和 15 升相加仅有 24 升,不足 30-24 = 6 升。又假设取出漆 12 升,换得油 16 升,可以和漆 20

升。12 升和 20 升相加得 32 升,比 30 升多 2 升。用盈不足术推算出漆升

数应是 $\dfrac{9\times2+12\times6}{2+6}=\dfrac{90}{8}=11\dfrac{1}{4}$。得油 15 升,和漆 $18\dfrac{3}{4}$ 升。

又如第二十题:"今有人持钱之(往)蜀,贾利十(分之)三。初返归一万四千,次返归一万三千,次返归一万二千,次返归一万一千,后返归一万。凡五返归钱,本利俱尽。问本持钱及利各几何?"这题的解法,要先假设本钱三万,计算第五返归钱时不足之数,再假说本钱四万,计算五返归钱后多余之数,然后用盈不足术求出原来带去的本钱。

用代数方法解这种算术难题时,我们假设 x 为所求的数,依照题中所给的条件列出一个方程 $f(x)=0$,解这个方程就得到 x 所代表的数值。古人不知道怎样可以列出这个方程,无法直接解决这个问题。但是对于任意的一个 x 值,$f(x)$ 的对应值是会核算的。这样通过两次假设,算出 $f(a_1)=b_1$ 和 $f(a_2)=-b_2$,于是按照盈不足术公式(2)得出

$$x=\frac{b_2a_1+b_1a_2}{b_2+b_1}=\frac{a_2f(a_1)-a_1f(a_2)}{f(a_1)-f(a_2)}$$

$f(x)$ 是一次函数时,这样解法是准确的。$f(x)$ 不是一次函数时,右边所得的数值是所求数的一个近似值。

运用代数方法解题有困难的时候,这种别开生面的算法未始不是一个办法。后来数学家分析问题的能力加强了,解题的技术提高了,一般不属于盈亏类的算术问题都可以直接解决,无须用盈不足术处理了。"盈不足"章第二十题的刘徽"注",于详解术文之后,添上另一解法如下:

$$本钱=\left(\left\{\left[\left(10\,000\times\frac{10}{13}+11\,000\right)\frac{10}{13}+12\,000\right]\frac{10}{13}\right.\right.$$
$$\left.\left.+\,13\,000\right\}\frac{10}{13}+14\,000\right)\frac{10}{13}$$

比盈不足术要简便得多。《张丘建算经》卷中第四十九题和这个题是同一类型的,也用刘徽解法去解它。又,《张丘建算经》卷上第二十四题和"盈

不足"章第十三题同一类型,用配分比例法去解它;卷中第五十题和"盈不足"章第十一题同一类型,用混合法去解它。在叙述了上列三题的解法之后,张丘建都补上"以盈不足术求之亦得"一句话。盈不足术显然不如各类型问题的特殊解法简便。

南宋杨辉《详解九章算法》"盈不足"章里有九个问题于原有的盈不足术解法之外,都添上了别种解法。并且在它的附录"九章算法纂类"中把这些问题归并到别的类型中去。

明程大位《算法统宗》虽然专立"盈朒"一章,而所设的问题都明白指出"盈"和"不足"的数量。《九章算术》的盈不足术,汉朝以后的数学家只看作解盈亏类问题的特殊方法,不再看它为解决一般算术题的万能算法了。

《九章算术》的盈不足术,不知在什么时候流传到西方回教国家,为阿拉伯数学家所重视。他们叫它 hisab al khataayn,译成汉文应该是"契丹算法"。那时中国文化由西辽国人传到西方国家,因而中国人被称为契丹。盈不足术叫做契丹算法,是有饮水思源的意义的。意大利数学家费抱那乞(Leonardo Fibonacci)撰算术书(1202 年),首先用拉丁语介绍这个算法,叫它 elchataym,那是阿拉伯语的音译。又叫它 regula augmenti et decrementi,竟像是汉文"盈不足术"的意译了。后来意大利算术书中有许多不同拼音的名称,例如:el-cataym(1494 年)、regola helcataym(1556 年)、regola del cattaino(1591 年)等还保留中国算法的原意。

因为用盈不足术解一般算术问题须要通过两次的假设,所以在欧洲各国的算术书中后来都改称为假借法(regula falsi, reghel der valsches positien, rule of false position)。在十六、七世纪时期,欧洲人的代数学还没有发展到充分利用符号的阶段,这种万能的算法便长期统治了他们的数学王国。十六世纪末,利玛窦到中国,李之藻跟他学习西洋算术,所编《同文算指》书里有"叠借互征"法,就是利玛窦的老师丁先生(Clavius)原著里 regola del falso di doppia positione 的译文。

现在的中学同学都能依靠他的代数知识,用一次方程或二次方程解日常遇到的任何算术难题,再不须要借重盈不足术了。但是高等数学范围内,有些数字方程的实根不容易计算时,我们还要利用这个盈不足术推求这个实根的近似值。设 $f(x)$ 是一个在区间 $a_1 \leqslant x \leqslant a_2$ 上的单调连续函数, $f(a_1) = b_1$ 和 $f(a_2) = -b_2$,正、负相反,那末,方程 $f(x) = 0$ 在 a_1、a_2 间的实根约等于

$$\frac{a_2 f(a_1) - a_1 f(a_2)}{f(a_1) - f(a_2)} = a_2 + \frac{(a_2 - a_1)f(a_2)}{f(a_1) - f(a_2)}$$

$$= a_1 + \frac{(a_2 - a_1)f(a_1)}{f(a_1) - f(a_2)}$$

事实上,这个公式所表示的 x 的近似值是经过二点 (a_1,b_1) 和 $(a_2,-b_2)$ 的直线在 OX 轴上的截距,和曲线 $y = f(x)$ 的 OX 轴上截距相差很小①。在现在的高等数学教科书中,这种求方程实根近似值的方法叫做"假借法",也叫"弦位法"。我们不要数典忘祖,这个方法应该叫做"盈不足术"。

―――――――――

① 在直角坐标平面上画一条曲线,它的方程是 $y = f(x)$。如图15。这条曲线经过 $P_1(a_1,b_1)$ 和 $P_2(a_2,-b_2)$ 二点,和 OX 轴交于 L,OL 是方程 $f(x) = 0$ 在 a_1、a_2 间的一个根,也就是我们要求的解。联接 P_1P_2,和 OX 轴交于 K。因 $\triangle P_1MK$ 和 $\triangle P_2NK$ 相似,所以

$$\frac{MK}{MP_1} = \frac{KN}{NP_2} = \frac{MN}{MP_1 + NP_2}$$

得
$$MK = \frac{(a_2 - a_1)b_1}{b_1 + b_2}$$

$$OK = OM + MK = a_1 + \frac{(a_2 - a_1)b_1}{b_1 + b_2}$$

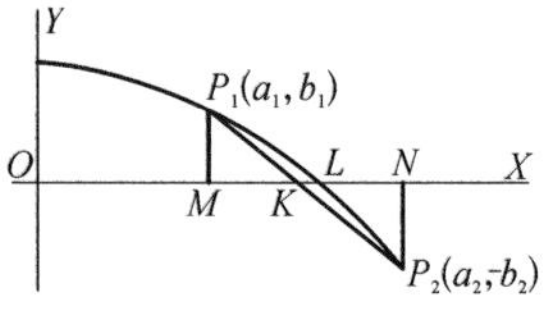

图 15

如果 $f(x)$ 是一个一次函数,或 $f(x) = 0$ 是一次方程,那末 $y = f(x)$ 的轨迹是一条经过 P_1、P_2 的直线,L 点和 K 点重合,OK 就是方程 $f(x) = 0$ 的根。如果 $f(x)$ 不是一次函数,那末,$y = f(x)$ 的轨迹不是直线,OK 只能近似地等于 OL,所以说

$$a_1 + \frac{(a_2 - a_1)f(a_1)}{f(a_1) - f(a_2)}$$

是方程 $f(x) = 0$ 在 a_1、a_2 间的一个根的近似值。

6　方　程

中国古代数学书中的所谓"方程"是联立一次方程组。例如《九章算术》"方程"章第一题："今有上禾三秉,中禾二秉,下禾一秉,实三十九斗；上禾二秉,中禾三秉,下禾一秉,实三十四斗；上禾一秉,中禾二秉,下禾三秉,实二十六斗。问上、中、下禾实一秉各几何?"

设 x、y、z 依次为上、中、下禾各一秉的实的斗数,那末,这个问题是求解下列三元一次联立方程组：

$$3x + 2y + z = 39 \tag{1}$$

$$2x + 3y + z = 34 \tag{2}$$

$$x + 2y + 3z = 26 \tag{3}$$

上面这个联立方程组用算筹布置起来得右、中、左三行如图 16。各行的上面三个筹表示上、中、下禾的秉数,也就是 x、y、z 的系数。下面的一个筹表示共有斗数,也就是常数项。刘徽"注"说："程,课程也。群物总杂,各列有数,总言其实,令每行为率。二物者再程,三物者三程,皆如物数程之,并列为行,故谓之方程。"这里所谓"令每行为率"就是立出三个等式。"如物数程之",就是说：有几个未知数,须列出几个等式。联立一次方程组各项的系数用算筹表示时,有如方阵,所以叫做"方程"。古代算书中的"方程"和现

	左行	中行	右行
上禾	|	||	|||
中禾	||	|||	||
下禾	|||	|	|
实	= ⊤	≡ ||||	≡ |||
	(3)	(2)	(1)

图 16

在一般所谓方程是两个不同的概念。一组"方程"的每一行都包含至少两个未知数,用算筹在一定地位表示各个未知数的系数,和现今代数学中的分离系数法相仿。包含不止一个未知数的算式和联立方程组的概念,全世界要算《九章算术》"方程"章为最早。

联立一次方程组的解法,以上面所举的第一题为例,依照《九章算术》的"方程术"演算如下:

以(1)式内 x 的系数 3 遍乘(2)式各项,得

$$6x + 9y + 3z = 102 \tag{4}$$

从(4)式内,减去(1)式各对应项的二倍,或两度减去(1)式各项,得

$$5y + z = 24 \tag{5}$$

方程术的这种运算叫做"直除"。刘徽"注"解释"直除"的正确性说:"举率以相减,不害余数之课也。"就是说从一个等式的两端,减去另一个等式的两端,所得的结果仍是相等的,这就是得到原来方程组的一个同值方程组。同样,以(1)式内 x 的系数 3 遍乘(3)式各项,得

$$3x + 6y + 9z = 78 \tag{6}$$

从(6)式内直除(1)式得

$$4y + 8z = 39 \tag{7}$$

以上的演算步骤在筹算上是把中行(2)通过以 3 遍乘后的(4)式直除右行(1)后改成(5)式,把左行(3)通过以 3 遍乘后的(6)式直除(1)式后改成(7)式,如图 17。

其次,我们要以(5)式内 y 的系数 5 遍乘(7)式各项,得

$$20y + 40z = 195 \tag{8}$$

从(8)式内直除(5)式(在这里是四度减去)得

$$36z = 99 \tag{9}$$

因(9)式两端有公约数 9,以 9 约两端得

$$4z = 11 \qquad (10)$$

筹式改换如图 18。

在图 18 的筹式内,左行只剩一个未知数 z。以 4 除

常数项 11,便得下禾一秉的实 $z = 2\frac{3}{4}$ 斗。这种先遍乘而

图 18

后直除的消元方法和现在我们化简一个行列式时所取的演算方法相仿,例

如把上列方程组的系数行列式化简如下:

$$\begin{vmatrix} 1 & 2 & 3 \\ 2 & 3 & 2 \\ 3 & 1 & 1 \end{vmatrix} = \frac{1}{9}\begin{vmatrix} 3 & 6 & 3 \\ 6 & 9 & 2 \\ 9 & 3 & 1 \end{vmatrix} = \frac{1}{9}\begin{vmatrix} 0 & 0 & 3 \\ 4 & 5 & 2 \\ 8 & 1 & 1 \end{vmatrix}$$

$$= \frac{1}{45}\begin{vmatrix} 0 & 0 & 3 \\ 20 & 5 & 2 \\ 40 & 1 & 1 \end{vmatrix} = \frac{1}{45}\begin{vmatrix} 0 & 0 & 3 \\ 0 & 5 & 2 \\ 36 & 1 & 1 \end{vmatrix} = \frac{1}{5}\begin{vmatrix} 0 & 0 & 3 \\ 0 & 5 & 2 \\ 4 & 1 & 1 \end{vmatrix}$$

第三个行列式就是图 17 中的系数行列式,最后的行列式是图 18 中的系数
行列式。

要求中禾和下禾一秉的实,还是用遍乘直除的方法。以图 18 左行
(10)的下禾系数 4 遍乘中行(5)的各项,得

$$20y + 4z = 96$$

直除(10)式得

$$20y = 85$$

以 5 约两端得

$$4y = 17 \qquad (11)$$

以左行下禾系数 4 遍乘右行(1),得

$$12x + 8y + 4z = 156$$

直除左行(10)得

$$12x + 8y = 145$$

再直除中行(11)(在这里是两度减去)得

$$12x = 111$$

以 3 约两端得

$$4x = 37 \qquad (12)$$

筹式如图 19,故得

$$x = 9\frac{1}{4}, \quad y = 4\frac{1}{4}, \quad z = 2\frac{3}{4}$$

左　中　右
行　行　行

(10)　(11)　(12)

图 19

从图 16 到图 19,方程组的筹算形式始终保持右、中、左三行,演算是相当便利的。《九章算术》"方程"章共计十八题,其中二元的八题,三元的六题,四元、五元的各二题,都用上述的演算方法解决。各个方程中的系数或常数项,有负数的也是用遍乘直除法消去任何预先指定的某项,只是在二方程要消去的项正负相反时,用相加来作"直除"罢了。从汉朝以后到宋、元各家,如《孙子算经》《张丘建算经》(隋刘孝孙"细草")、杨辉《详解九章算法》、朱世杰《算学启蒙》等都用直除法解联立一次方程组。

刘徽《九章算术注》原则上是遵守直除法的。但在方程章第七题的注解中补充了一个新的解法。第七题是:"今有牛五、羊二,值金十两;牛二、羊五,值金八两。问牛、羊各值金几何?"这题用算筹列出方程组如图 20。刘徽的解法是:"假令为同齐:头位为牛,当相乘左、右行定。更置右行牛十、羊四值金二十两,左行牛十、羊二十五值金四十两(如图 21)。牛数相同,金多二十两者,羊差二十一使之然也。以少行减多行则牛数尽,惟羊与值金之数见(如图 22),可得而知也。"[①]这样用互乘对减的方法消去第一项,刘徽说可以推广到任何多元的方程组,但是他没有意思把直

① 这段文字,传本《九章算术》有脱误,今依李潢、宋景昌校正。

28

除法改掉。

	左行	右行		左行	右行		左行	右行
牛	‖	‖‖‖‖		一〇	一〇			一〇
羊	‖‖‖‖	‖		＝‖‖‖	‖‖‖‖		＝丨	‖‖‖‖
金	丌	一〇		≡〇	＝〇		＝〇	＝〇

图 20 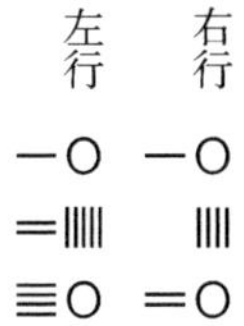   图 21 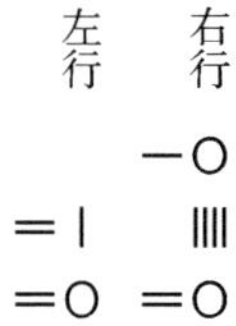   图 22

　　秦九韶《数书九章》卷十七的第一题是一个联立三元一次方程组问题。他主张用互乘相消法消元,和现在中学代数教科书内的加、减消元法相同。并且在已经求出一个未知数的答数后,其他未知数的数值也用"代入法"计算,和中学代数学的方法相同。到明朝珠算术盛行,筹算法废弃不用,当时的数学家解联立一次方程组,演草须用笔记,于是普遍应用秦九韶的互乘相消法和代入法。

7 正负数加减法则

如前一节所讲,方程的每一行都是由"群物总杂"组成的等式,其中可能有相反意义的系数,因而引起正、负数的概念。刘徽"注"说:"两算得失相反,要令'正'、'负'以名之。"例如"方程"章第四题:"今有上禾五秉,损实一斗一升,当下禾七秉……"设 x、y 为上禾、下禾各一秉的升数,依据题意,我们有

$$5x - 11 = 7y$$

移项后得
$$5x - 7y = 11$$

在第一式内常数项是一个负数,在第二式内 y 的系数是一个负数。又,用直除法消元,减数大于被减数时也需要负数的概念来扩充减法的应用。因此,在《九章算术》"方程"章内,提出了正、负数的相反意义和正、负数的加、减法则。这在数学发展史上是一个无与伦比的伟大成就。

《九章算术》"方程"章第三题刘徽"注"说,用红色的算筹表示正数,用黑色的算筹表示负数。否则在布置算筹时正列的算筹表示正数,邪列的算筹表示负数。

《九章算术》"正、负术曰,同名相除,异名相益。正无入负之,负无入正之。其异名相除,同名相益。正无入正之,负无入负之"。这是正、负数加、减法则的条文。"同名"、"异名"便是现在所谓同号、异号。条文的前面四句的大意是:在两数相减时,二数同号则绝对值的差是余数的绝对

30

值;二数异号则绝对值的和是余数的绝对值。减去的数如其是正数而大于
被减数,余数得负号;如其是负数而绝对值大于被减数的绝对值,余数得
正号。

设 $\qquad b > a \geqslant 0, \quad b = a + (b - a)$

则 $\qquad a - b = a - [a + (b - a)] = -(b - a)$

在中间的式子里,a 和 a 对消, $+(b - a)$ 无可对消,改为负数,所以说"正无
入负之"。

$$(-a) - (-b) = (-a) - [-a - (b - a)] = +(b - a)$$

在中间的式子里$-a$ 和$-a$ 对消, $-(b - a)$ 无可对消,改为正数,所以说"负
无入正之"。

如果 $\qquad a > b \geqslant 0, \quad a = b + (a - b)$

则 $\qquad a - b = b + (a - b) - b = +(a - b)$

$$(-a) - (-b) = [-b - (a - b)] - (-b) = -(a - b)$$

又 $\qquad a - (-b) = a + b$

$$(-a) - (+b) = -(a + b)$$

都是显而易见的。

条文的后面四句的大意是:在两数相加时,二数同号则和数的绝对值
等于二绝对值的和;二数异号则和数的绝对值等于二绝对值的差。二数异
号时其中正数的绝对值较大则和数取正号;其中负数的绝对值较大则和数
取负号。

$$a + b = a + b$$

$$(-a) + (-b) = -(a + b)$$

$a > b \geqslant 0$ 时 $\quad a + (-b) = b + (a - b) + (-b) = a - b$

$$(-a) + b = -b - (a - b) + b = -(a - b)$$

$b > a \geqslant 0$ 时 $\quad a + (-b) = a + [-a - (b-a)] = -(b-a)$

$$(-a) + b = -a + [a + (b-a)] = (b-a)$$

有了这正、负数加、减法则后,直除法可以应用到任何联立一次方程组了。

东汉末,刘洪撰"乾象历"法(206年),在计算月球在黄道内外度数时,用着正、负数加、减法则。他说,正、负数"相并,同名相从,异名相消;其相减也,同名相消,异名相从,无对互之。"最后一句"无对互之"等于说"正无入负之,负无入正之",所以刘徽《九章注》说:"无入为无对也。"

正、负数概念和加、减法则在后来的开方法和天元术的发展中起着应有的作用,我们将在下面和它有关的几节里讲到。

8 平面积和立体积

　　面积和体积的计算法的起源很早。在《九章算术》编纂成书的时代,除有关圆面积的部分只能计算得到比较粗糙的近似结果外,一切直线图形的面积或体积的公式都是正确的。长方形的面积等于长乘阔,长方柱体的体积等于长、阔、高的连乘积,是两个不需证明的公理。其他平面积或立体积的计算公式,都是用直观方法推导出来。有些体积公式还经过代数运算而化简了的。古代数学家没有面积和体积的单位名称。如果长、阔、高都用尺做单位,那末,平面积或立体积也用尺做单位。因此"方边二尺"、"方幂四尺"和"立方八尺"三个"尺"字的意义是各不相同的。

平　面　积

　　在《九章算术》"方田"章里,三角形状的田叫做"圭田",求它的面积,"术曰,半广以乘正从"。"广"是三角形底边的长,"从"(同"纵")是三角形的高。这里说"正从",就明确地指出那个高是和底边垂直的。刘徽"注":"半广者,以盈补虚为直田(长方形田)也。亦可以半正从以乘广。"在图 23 内, $EF = \frac{1}{2}BC$,三角形 ABC 的面积等于长方形 $EFGH$ 的面积,等于 $\frac{1}{2}BC \times AD$ 。在图 24 内, $BH = \frac{1}{2}AD$,三角形 ABC 的面积等于长方形

$BCGH$ 的面积,等于 $\frac{1}{2}AD \times BC$。

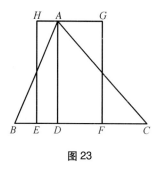

图 23

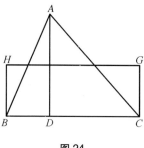

图 24

直角梯形的田叫做"邪田",求面积"术曰,并两斜而半之以乘正从"。在图 25 内 $AE = \frac{1}{2}(AB + DC)$,邪田 $ABCD$ 的面积等于长方形 $AEFD$ 的面积,等于 $\frac{1}{2}(AB + DC) \cdot AD$。

一般的梯形田叫做"箕田",可以看作两个邪田合成的田。上、下底为 a、b,高为 h 时,面积等于 $\frac{1}{2}(a + b)h$(如图 26)。

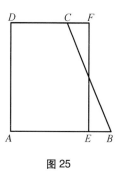

图 25

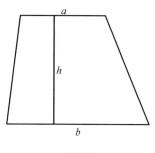

图 26

圆田"术曰,半周半径相乘得积步",理论上是正确的。但是《九章算术》用"径一周三"作周、径的比率,由此得出的面积是不精密的。依照刘徽"注",圆面积是半径平方的 $\frac{157}{50}$ 倍;依照李淳风"注",圆面积是半径平方

的 $\frac{22}{7}$ 倍。

弧田是一个截圆面,求面积术曰,"以弦乘矢,矢又自乘,并之,二而一。"设截圆面(图27)的弦长为 c,矢高为 v,则面积

图 27

$$A = \frac{1}{2}(cv + v^2)$$

这是一个经验公式,所得面积的近似值不大精密。中国古代数学家忽略角和弧的量法,后世的人虽然知道这个公式不可靠,也没有提出准确的算法。

《五曹算经》(成书约在第六世纪)中又有"鼓田"和"四不等田"等近似公式。设鼓田(图28)上广 a,中间广 b,下广 c,正从 h,则面积

$$A = \frac{1}{3}(a + b + c)h$$

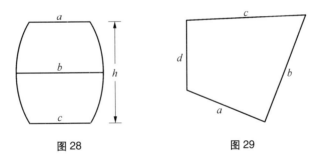

图 28　　　　　图 29

设四不等田(图29)的四边顺次为 a、b、c、d,则面积

$$A = \frac{a + c}{2} \cdot \frac{b + d}{2}$$

显然这两个公式是不准确的。

南宋秦九韶《数书九章》"田域类"里有"三斜求积"术,是已知三角形的三边长求面积的公式。

设 a、b、c 为三边的长，A 为三角形面积，那末

$$A^2 = \frac{1}{4}\left[a^2b^2 - \left(\frac{a^2+b^2-c^2}{2}\right)^2\right]$$

把右边的式子分解为四个因式，就可以化成所谓希隆公式[①]，秦九韶创设这个公式，在中国数学史上却是空前的。

立 体 积

《九章算术》"商功"章收集的都是些立体积问题。

1. 筑堤、开沟等土方的计算。如果剖面都是相等的梯形，上、下广是 a 和 b，高或深是 h，工程一段的长是 l，那末，这一段的体积是 $V = \frac{1}{2}(a+b)hl$。

2. "堑堵"是两底面为直角三角形的正柱体。设底面直角旁的两边为 a 和 b，堑堵长为 h，则体积等于 $\frac{1}{2}abh$。"阳马"是底面为长方形而有一棱和底面垂直的锥体。它的体积是 $\frac{1}{3}abh$。"鳖臑"是底面为直角三角形而

---

① 希隆(Heron)是亚历山大城公元第三世纪中的希腊数学家，他证明了下面的定理：

$$A^2 = \frac{a+b+c}{2}\cdot\frac{a+b-c}{2}\cdot\frac{c+a-b}{2}\cdot\frac{b+c-a}{2}$$

现在我们写成公式　　$A = \sqrt{s(s-a)(s-b)(s-c)}$，$s = \frac{1}{2}(a+b+c)$。

如果把秦九韶公式的右边 $\frac{1}{4}\left[a^2b^2 - \left(\frac{a^2+b^2-c^2}{2}\right)^2\right]$ 分解因式，作

$$\frac{1}{4}\left(ab + \frac{a^2+b^2-c^2}{2}\right)\left(ab - \frac{a^2+b^2-c^2}{2}\right)$$

$$= \frac{1}{16}\left[(a+b)^2 - c^2\right]\left[c^2 - (b-a)^2\right]$$

$$= \frac{1}{16}(a+b+c)(a+b-c)(c+a-b)(b+c-a)$$

就和希隆公式一致了。

有一棱和底面垂直的锥体,它的体积是 $\frac{1}{6}abh$。

上述三个体积公式的证明,根据刘徽的注解,是用着具体模型的。斜解一个正立方体,得两个堑堵,如图 30,故堑堵的体积是立方体积的二分之一。再解开左边的堑堵,如图 31,得一阳马和一鳖臑。阳马又可以对分为两个鳖臑。这三个鳖臑很容易看出是相等的。所以每一个鳖臑的体积是立方体积的六分之一,阳马的体积是立方体积的三分之一。

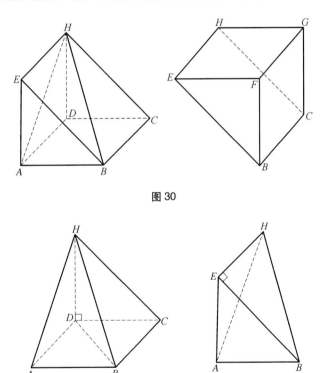

图 30

图 31

如果原来被分解的立体不是正立方体而是一个长方柱体 $a \times b \times h$,同样可以分解成六个体积相等的鳖臑,每一鳖臑的体积是 $\frac{1}{6}abh$。二鳖臑拼成一阳马,体积是 $\frac{1}{3}abh$。三鳖臑拼成一堑堵,体积是 $\frac{1}{2}abh$。

3. 正方锥体可以分解成四个阳马,故正方锥体体积是底方面积乘高的三分之一。正圆锥体可以内切于一正方锥体之内,它的水平剖面面积是正方锥体水平剖面面积的 $\frac{\pi}{4}$,故正圆锥体的体积是外切正方锥体的体积的 $\frac{\pi}{4}$。

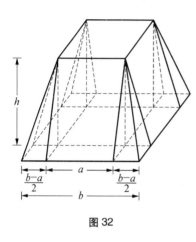

图 32

4. "方亭"是正方棱台体。设上方边为 a,下方边为 b,截高为 h,则体积

$$V = \frac{1}{3}(a^2 + b^2 + ab)h$$

方亭可分解为一正方柱体、四堑堵和四阳马,如图 32,故体积

$$V = a^2h + 4 \times \frac{1}{2} \times \frac{b-a}{2}ah + 4 \times \frac{1}{3}\left(\frac{b-a}{2}\right)^2 h$$

$$= \frac{1}{3}\left[3a^2 + 3a(b-a) + (b-a)^2\right]h$$

$$= \frac{1}{3}(a^2 + b^2 + ab)h$$

又得内切圆亭的体积

$$V = \frac{\pi}{12}(a^2 + b^2 + ab)h$$

5. "刍童"是上、下底面都是长方形的棱台体。设上、下底面为 $a_1 \times b_1$ 和 $a_2 \times b_2$,高为 h,则体积

$$V = \frac{1}{6}\left[(2a_1 + a_2)b_1 + (2a_2 + a_1)b_2\right]h$$

把刍童仿方亭的例分解为一长方柱体、四堑堵和四阳马,如图 33。故得

$$V = a_1 b_1 h + 2 \times \frac{1}{2} \left(\frac{b_2 - b_1}{2} \right) a_1 h + 2 \times \frac{1}{2} \left(\frac{a_2 - a_1}{2} \right) b_1 h$$

$$+ 4 \times \frac{1}{3} \left(\frac{b_2 - b_1}{2} \right) \left(\frac{a_2 - a_1}{2} \right) h$$

$$= \frac{1}{6} \big[6 a_1 b_1 + 3 (b_2 - b_1) a_1 + 3 (a_2 - a_1) b_1$$

$$+ 2 (b_2 - b_1) (a_2 - a_1) \big] h$$

$$= \frac{1}{6} \big[(2 a_1 + a_2) b_1 + (2 a_2 + a_1) b_2 \big] h$$

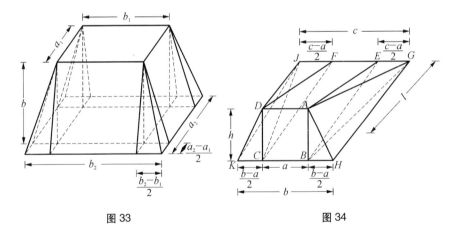

图 33　　　　　　　　　　　　图 34

6. 楔形体的三个侧面不是长方形而是梯形的叫做"羡除"。设一个梯形面的上、下广是 a、b,高是 h,其他二梯形的公共边长 c,这边到第一梯形面的垂直距离是 l,则体积

$$V = \frac{1}{6} (a + b + c) \times h l$$

把羡除分解成一个堑堵和四个鳖臑,如图 34,堑堵 $ABCDFE$ 的体积是 $\frac{1}{2} a h l$, 鳖臑 $ABGE$ 的体积是 $\frac{1}{6} \left(\frac{c - a}{2} \right) h l$, $ABHG$ 的体积是

$\dfrac{1}{6}\left(\dfrac{b-a}{2}\right)hl$。故

$$V = \frac{1}{2}ahl + 2 \times \frac{1}{6}\left(\frac{c-a}{2}\right)hl + 2 \times \frac{1}{6}\left(\frac{b-a}{2}\right)hl$$

$$= \left[\frac{1}{2}a + \frac{1}{6}(c-a) + \frac{1}{6}(b-a)\right]hl$$

$$= \frac{1}{6}(a+b+c)hl$$

7. 在唐初王孝通所撰的《缉古算术》里,立体积的计算,除了《九章算术》"商功"章所有的公式以外,还有几个结合着建筑堤防的实际问题。假如河岸不是平地,堤防的底面是一个斜面而顶面是一个平面,那末,堤的垂直剖面是上底相同而高不相等的梯形。设低头的梯形面上底 a_1,下底 b_1,高 h_1,高头的梯形面上底 $a_2 = a_1$,下底 b_2,高 h_2,两梯形面间的垂直距离为 l。

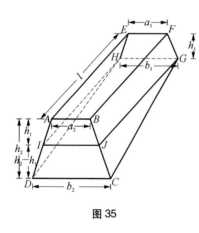

图 35

经过低头梯形的下底 GH,作平面 $GHIJ$ 和堤的顶面 $EFBA$ 平行,在这平面之上是一个平堤,它的体积是 $\dfrac{1}{2}(a_1 + b_1)h_1l$。在这个平面之下是一个羡除 $GHIJCD$,它的体积是 $\dfrac{1}{6}(2b_1 + b_2)(h_2 - h_1)l$。堤的土方的总体积便是这两个体积的和。

因为梯形剖面的两个斜边的斜率是相同的,王孝通又创设一个求堤的体积的比较简单的公式:

$$V = \frac{1}{6}\left[(2h_1 + h_2)\frac{a_1 + b_1}{2} + (2h_2 + h_1)\frac{a_2 + b_2}{2}\right]l$$

9 开平方和开立方

《九章算术》"少广"章叙述开整平方和开整立方的演算步骤,相当详备。后来的数学家又推广"少广"章的方法,能够开"带从平方"和开"带从立方",因而在中国古代算书里"开方"这个名词包括任何高次代数数字方程求正根的方法。这一节和次一节先讲唐朝以前开方术的发展史,后面我们还要讲到宋朝人的"增乘开方法"。

开 平 方 术

《九章算术》"少广"章的开整平方术摘录如下:

"开方术曰,置积为实。借一算,步之,超一等。议所得,以一乘所借一算为法而以除。除已,倍法为定法。其复除,折法而下。复置借算步之如初。以复议一乘之,所得副,以加定法,以除。以所得副从定法。复除,折下如前。"

例如有平方积 55 225,求方边的长,布置算筹 ||||| ≡ || = |||||,这叫做"实"(被开方数)。另取一算筹放在实数的个位下边如图 36。除法筹式,先布置实、法二层;开平方筹式应当有实、法、借算三层。图 36 所表示的是一个有实、无法、有借算的筹式。用现在代数符号表示出来是一个方程 $x^2 = 55\ 225$。

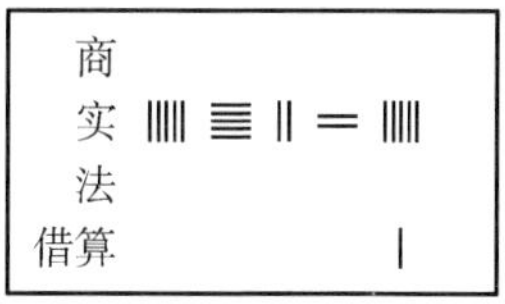

商	
实	||||| ≡ || = |||||
法	
借算	|

图 36

图 37

把这个借算向左移,每一步移过两位,移二步,停在实数万位之下,如图 37。这样,借算所表示的数值不是 x^2 而是 $10\,000x_1^2$。原方程变为

$$10\,000x_1^2 = 55\,225 \qquad (1)$$

议得商 $x_1 > 2$,就在实数百位的上层放算筹‖,这是平方根的第一位数码。

以初商 2 乘 10 000 得 20 000,用算筹布置于实数之下,借算之上,叫做"法"。再以初商 2 乘法 20 000 得 40 000,从实减去,余 15 225,如图 38。

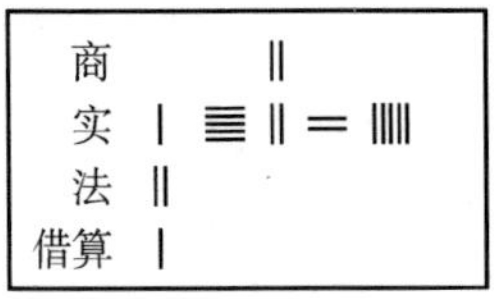

图 38

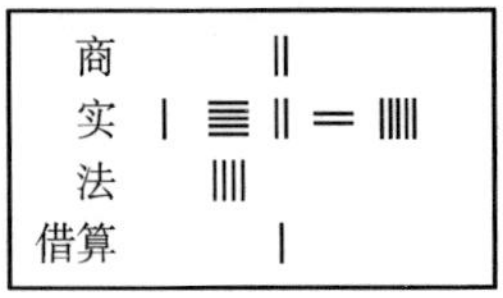

图 39

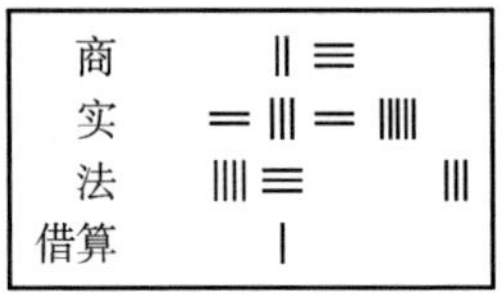

图 40

把法数加倍,向右边移过一位,变为 4 000,叫做"定法"。把借算向右边移过二位,变为 $100x_2^2$,如图 39。这个筹式和代数方程

$$100x_2^2 + 4\,000x_2 = 15\,225 \qquad (2)$$

有同样的意义。

议得次商 $x_2 > 3$,就以 3 作平方根的第二位数码,放在实数的十位之上。以次商 3 乘 100 得 300,另置于定法的右边,又加入定法,得 4 300。以次商 3 乘 4 300,从实减去,余 2 325,如图 40。

再以另置的 300 加入 4 300 得 4 600,向右边移过一位,变为 460,这是平方根第三位的定法。把借算向右边移过二位,变为 x_3^2,如图 41。这筹式和代数方程

$$x_3^2 + 460x_3 = 2\,325 \qquad (3)$$

图 41

有同样的意义。

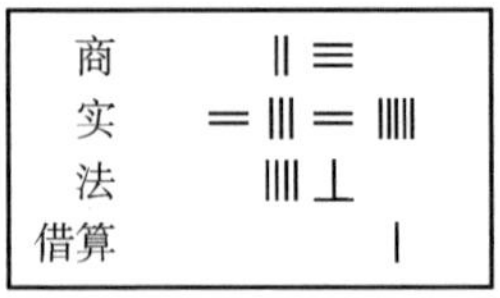

议得商的末位 $x_3 = 5$。以 5 乘 1 得 5,加入 460 得 465。以 5 乘 465,从实数内减去,没有余数。我们就得到 55 225 的平方根是 235,如图 42。

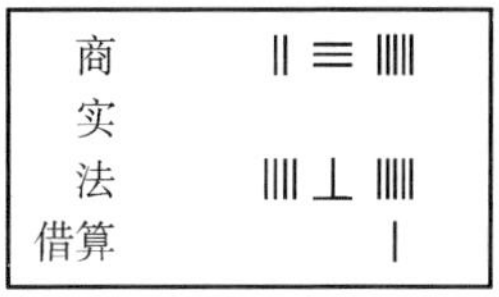

图 42

上面叙述的开方步骤是合理的。它是怎样发见的呢? 注《九章算术》的伟大数学家刘徽曾经用几何图形去理解它,他用一个正方形的面积来表示被开方数。譬如说,这个正方形的一边长 $100a + 10b + c$,把正方形划分为七个部分,如图 43。黄甲幂代表 $10\,000a^2$,黄乙幂代表 $100b^2$,黄丙幂代表 c^2。两个朱幂是以 $100a$ 为长、$10b$ 为阔的长方形。两个青幂是以 $100a + 10b$ 为长、c 为阔的长方形。两

图 43

个朱幂和一个黄乙幂合起来的面积是 $(200a + 10b)10b = (2\,000a + 100b)b$,括弧内的 $2\,000a$ 就是开方术里的第一个"定法"。两个青幂和一个黄丙幂合起来的面积是 $(200a + 20b + c)c$,括弧内的 $200a + 20b$ 就是开方术里的第二个"定法"。这样把全部面积归入下列三项

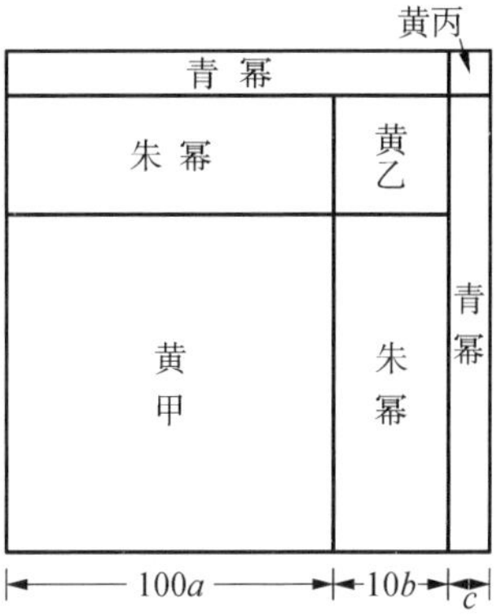

$$10\,000a^2 + (2\,000a + 100b)b + (200a + 20b + c)c$$

而总结成 $(100a + 10b + c)$ 的平方。

如果被开方数不是一个整数的平方,《九章算术》"少广"章原术说:"若开之不尽者为不可开,当以面命之。"设 $A = a^2 + r$,$r > 0$。"以面命之"是说平方根的奇零分数是以 a 做分母 r 做分子的分数,$\sqrt{A} = a + \dfrac{r}{a}$,这当然是不合理的。刘徽认为把 $a + \dfrac{r}{a}$ 自乘起来,和 A 相差很大。他介绍下列二法:

$$(1)\ \sqrt{A} = a + \frac{r}{2a}$$

$$(2)\ \sqrt{A} = a + \frac{r}{2a + 1}$$

并且说用第一法,以 $2a$ 为分母还是太少,第二法以 $2a + 1$ 为分母又是太多。他又提出一个把开方法继续下去追求十进小数的方法。这样得到的平方根近似值,精密度可以随意提高,当然最为合理。

被开方数是一个分数时,《九章算术》列出二法:

$$(1)\ \sqrt{\frac{A}{B}} = \frac{\sqrt{A}}{\sqrt{B}}$$

$$(2)\ \sqrt{\frac{A}{B}} = \frac{\sqrt{AB}}{B}$$

分母 B 开得尽时用(1)式,开不尽时用(2)式。

开 立 方 术

"少广"章"开立方术曰:置积为实。借一算,步之,超二等。议所得,以再乘所借一算为法,而除之。除已,三之为定法。复除,折而下。以三乘所得数置中行。复借一算置下行。步之,中超一,下超二位。复置议以一乘中,再乘下,皆副以加定法。以定法除。除已,倍下,并中,从定法。复除折下如前。"

例如求 1 860 867 的立方根。先布置算筹 1 860 867 为实。下留二个空层,置借算 1 于最下层。把这个借算从个位上移到千位上,再移到百万位上,如图 44。这个筹式表示方程

$$1\ 000\ 000 x_1^3 = 1\ 860\ 867 \tag{1}$$

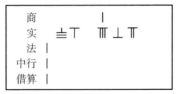

图 44 　　　　　　　　　　　图 45

议得商 $x_1 > 1$，置立方根的第一位数码 1 于实数百位之上。以 1 乘 1 000 000 得 1 000 000，置于借算之上，称为"中行"。再以 1 乘中行得 1 000 000，置于中行之上实数之下，称为"法"。以 1 乘法，从实数内减去，余 860 867，如图 45。

以 3 乘法向右移过一位作 300 000，为"定法"。以 3 乘中行向右移过二位，作 30 000。把借算向右移过三位，如图 46。这个筹式表示方程

$$1\ 000x_2^3 + 30\ 000x_2^2 + 300\ 000x_2 = 860\ 867 \qquad (2)$$

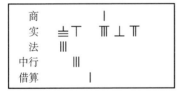

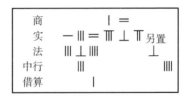

图 46 　　　　　　　　　　　图 47

复议得立方根的第二位数码是 2，置于实数十位之上。以 2 乘中行得 60 000，另置于法的右边。以 2 平方乘借算得 4 000，另置于中行右边。又以这二数并入定法得 364 000 为法。以 2 乘法从实数内减去，余 132 867，如图 47。

以 2 乘另的下数得 8 000，以 1 乘另置的上数得 60 000，并入法数得 432 000，向右移过一位作 43 200，为定法。以 3 乘 2 000 得 6 000，并入中行得 36 000，向右移过二位。作 360。把借算向右移三位，如图 48。这个筹式表示方程

$$x_3^3 + 360x_3^2 + 43\,200x_3 = 132\,867 \qquad\qquad (3)$$

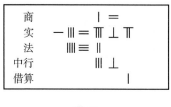

图 48

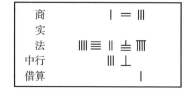

图 49

再议得立方根的末位 3。以 3 乘中行得 1 080,以 3 平方乘借算得 9,将二数并入定法得 44 289 为法。以 3 乘法,从实数内减去,恰恰减尽,如图 49。就得 1 860 867 的立方根是 123。

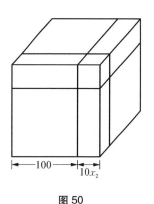

图 50

刘徽用立体图形来证实这个开立方术是合理的。他解释图 46 的筹式时,用立方体(如图 50)的前面右上角的小立方体表示借算 $1\,000x_2^3 = (10x_2)^3$,称为"隅";用前上、右上和前右的三条正方柱体表示"中行"的 $3 \times 100(10x_2)^2$,称为"廉";用前面、上面、右面的三块正方柱体表示"法" $3 \times 100^2 \times 10x_2$,称为"方"。这七个立体积合起来是从原来立方体积 1 860 867 减去 100^3 所余的 860 867。把这七个立体拆开放平,它们的厚薄相等,都是 $10x_2$,所以可以合并为以 $10x_2$ 为高,以 $3 \times 100^2 + 3 \times 100 \times 10x_2 + (10x_2)^2$ 为底面积的柱体。因 3×100^2 为底面积的主要部分,用它去除总体积 860 867 可以得到 $10x_2$ 的近似值,所以称为定法。议定立方根首二位是 120 后,余下来的体积是 $1\,860\,867 - 120^3 = 132\,867$。这个体积也可以看作一个"隅"、三条"廉"、三块"方"拼起来的立体。三块"方"的底面积 $3 \times 120^2 = 43\,200$,这又是求立方根第三位数码的定法。这样我们求得立方根第三位数是 3,而立方根是 123。

10 开带从平方和开带从立方

在上节开平方术所举的例子里,议平方根的第二位和第三位数码时,我们的筹式是:

$$100x_2^2 + 4\,000x_2 = 15\,225 \tag{2}$$

和

$$x_3^2 + 460x_3 = 2\,325 \tag{3}$$

显而易见,(2)式的正根是 $10x_2 = 35$,(3)式的正根是 $x_3 = 5$。"少广"章开平方术虽然专为开整平方而建立,但可以利用来解决一般的数字二次方程问题。这种二次方程有一个正的一次项跟在二次项的后面,古人叫这个一次项为"从法"。解这种二次方程是开带"从法"的平方,简称为"开带从平方"。例如第三世纪初赵爽"勾股圆方图注"说:"以差实减弦实(从弦的平方内减去勾股差的平方),半其余(为实),以差(勾股差)为从法,开方除之,复得勾矣。"就是说:假如已知一勾股形的弦是 c,勾、股的差是 k,c 和 k 都是已给的数字,那末,开带从平方

$$x^2 + kx = \frac{1}{2}(c^2 - k^2)$$

就得到勾 $x = a$。

又例如《九章算术》"勾股"章第二十题:"今有邑方不知大小,各中开门。出北门二十步有木,出南门十四步,折而西行一千七百七十五步见木,问邑方几何?""术曰,以出北门步数乘西行步数倍之($2 \times 20 \times 1\,775 =$

47

71 000)为实,并南门步数(20+14＝34)为从法,开方除之即邑方。"就是说,设 x 为邑方步数,则

$$x^2 + 34x = 71\,000$$

开带从平方得 $x = 250$ 步(请参阅下第十一节)。补作开带从平方时逐步筹式如下:

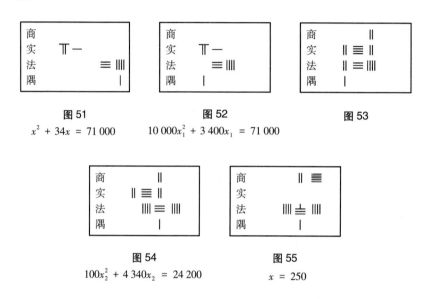

图 51
$x^2 + 34x = 71\,000$

图 52
$10\,000x_1^2 + 3\,400x_1 = 71\,000$

图 53

图 54
$100x_2^2 + 4\,340x_2 = 24\,200$

图 55
$x = 250$

赵爽在他的"勾股圆方图注"里提出了一个已知长方形面积以及长、阔的和求长、阔的问题。设长方形面积是 q,长、阔的和是 p,他的解法是先求得长、阔的差等于 $\sqrt{p^2 - 4q}$,因而得到阔等于 $\frac{1}{2}(p - \sqrt{p^2 - 4q})$,长等于 $p - \frac{1}{2}(p - \sqrt{p^2 - 4q})$。这样解法是以面积图形为根据的。如图 56,在正方形 p^2 内减去四个长方形 $4q$,所余的是长阔差的平方。开平方即得长阔差。和、差相减折半得阔,从长阔和内减去阔得长。如果用代数符号表达出来,设 x 为阔,则

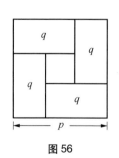

图 56

$$x(p - x) = q$$

或 $$-x^2 + px = q$$

解二次方程得 $$x = \frac{1}{2}(p - \sqrt{p^2 - 4q})$$

上面的二次方程中 x^2 的系数是-1,和带从平方不同,所以赵爽不用开带从平方法去求它的正根。

二次方程的这种解法,当然可以推广到 x^2 的系数是正的情形。唐朝一行在《大衍历》法(727年)里,解一个二次方程

$$x^2 + px = q, \quad p > 0, q > 0$$

用公式 $x = \frac{1}{2}\left[\sqrt{(p^2 + 4q)} - p\right]$(请参阅第二七节)。这种解法在数字计算方面不如开带从平方法直截了当,故不为一般古代数学家所重视。朱世杰《算学启蒙》卷下"开方释锁"门有一个长方形问题,须解二次方程

$$-x^2 + 92x - 2\,052 = 0$$

他说这题用古法演算,先得 $\sqrt{92^2 - 4 \times 2\,052} = 16$,再求得 $x = \frac{1}{2}(92 - 16) = 38$。但他不主张用古法,以为"以天元演之,明源活法,省功数倍",这是因为开带从平方法到十一世纪以后,已经发展到能解任何二次方程了。

在上节开立方术的例子里,议立方根的第二位和第三位数码时,筹式表达的方程

$$1\,000x_2^3 + 30\,000x_2^2 + 300\,000x_2 = 860\,867$$

和 $$x_3^3 + 360x_3^2 + 43\,200x_3 = 132\,867$$

都是有一次项和二次项的三次方程,显然,都可以利用"少广"章的开立方术求出它们的正根的。在祖冲之所撰的《缀术》(已失传)里似乎有这

类三次方程的例子。《隋书·律历志》说祖冲之"又设开差幂,开差立,兼以正、负①参之。指要精密,算氏之最者也"。"开差幂"应该是开长、阔有差的长方形面积,"开差立"应该是开长、阔、高有差的长方柱体体积。假如阔是 x,长是 $x+k$,高是 $x+l$,则

$$x(x+k)=A \quad 或 \quad x^2+kx=A$$

是一个带从平方。

$$x(x+k)(x+l)=V \quad 或 \quad x^3+(k+l)x^2+klx=V$$

是一个带从立方。如果 k、l 可以是负数,x^2 和 x 的系数都可能是负数,那末,开方时发生了新的困难。大概祖冲之是有办法克服它的,所以《隋书》上要这样推重他。

第七世纪初王孝通撰《缉古算术》。他所选的问题,大部分是要求三次方程的正根的。设有三次方程

$$x^3+ax^2+bx=c$$

王孝通称常数 c 为"实",x 的系数 b 为"方法",x^2 的系数 a 为"廉法",x^3 的系数恒等于 1。和刘徽"少广"章开立方术注所用术语大致相同。a、b、c 都是正数,b 有时等于 0。

---

① 传本《隋书》"负"字误作"圆"字。

11 勾股测量

我们的祖先在远古时代就创造了矩作为测量的工具。矩就是现在工人所用的曲尺,是两条互相垂直的直尺做成的。《周髀算经》说:周朝初年(约公元前1100年)周公问商高用矩尺测量的方法,商高说:"偃矩以望高,复矩以测深,卧矩以知远,"这就是说:把矩(图57)的一条直尺(AC)放平,另一条(CB)直立,从 A 仰视高处的 P 点,视线 AP 和 CB 交于 D,那末,根据相似三角形 AMP 和 ACD 的相当边成比例的道理,知道

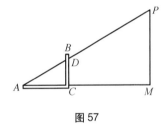

图 57

$$\text{高 } MP = \frac{CD \cdot AM}{AC}$$

这里,$\dfrac{CD}{AC}$ 是仰角 $\angle MAP$ 的正切值,但是在《周髀算经》或其他古代数学书里,没有提出过任何角度的函数名目。在直角三角形 ACD 内,AC 边叫做"勾",CD 边叫做"股",AD 边叫做"弦"(在《周髀算经》里叫"径隅"),这直角三角形叫做"勾股形"。把直尺 CB 倒过来往下垂,就可以测量深处目的物的俯角正切值。把直尺 CB 放在水平面上,就可以测量远处两目的物间水平角的正切值。适当的应用矩尺,可以测量任何目的物的高、深、广、远,所以商高总结说:"智出于勾,勾出于矩。"

《周礼》"大司徒"篇说,平地上竖立高八尺的"表"(标竿),夏至日日中影

长一尺五寸。古代天文学家多用立表测日影的方法来决定一年中的节气。《周髀算经》说:"周髀长八尺,夏至之日晷一尺六寸。髀者,股也;正晷者,勾也。"这是用勾的长短来表示太阳的高度,似乎有取用仰角的余切值的意思。

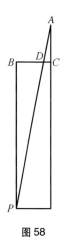

图 58

利用相似勾股形的测量工作,在《九章算术》的"勾股"章里有第十七到第二十四的八个例题。第二十四题:"今有井径五尺,不知其深,立五尺木于井上,从木末望水岸,入径四寸,问井深几何?"

已知(图58) $CB = CA = 5$ 尺 $= 50$ 寸, $CD = 4$ 寸,求井深 BP。按照术文,解得

$$BD = CB - CD = 50 - 4 = 46 \text{ 寸}$$

$$BP = \frac{BD \cdot CA}{CD} = \frac{46 \times 5}{4} = 57 \frac{1}{2} \text{ 尺}$$

第十九题:"今有邑方不知大小,各中开门,出北门三十步有木,出西门七百五十步见木,问邑方几何?"

已知(图59) $CD = 30$ 步, $BE = 750$ 步,求方边 $2AC$,按照术文,解得

$$2AC = \sqrt{(4 \times CD \times BE)} = \sqrt{(4 \times 30 \times 750)} = 300 \text{ 步}$$

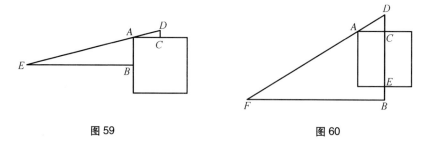

图 59   图 60

第二十题:"今有邑方不知大小,各中开门,出北门二十步有木,出南门十四步,折而西行一千七百七十五步见木,问邑方几何?"

已知(图60) $CD = 20$ 步, $EB = 14$ 步, $BF = 1\,775$ 步,求 EC。因

$$CD \cdot BF = CA \cdot BD$$

$$= \frac{1}{2} EC (CD + EC + EB)$$

或　　　　　　　$EC (EC + 20 + 14) = 2 \times 20 \times 1\,775$

　　设　　　　　　$x = EC$

则　　　　　　　$x^2 + 34x = 71\,000$

开带从平方,得　　　$x = 250$ 步

　　又勾股章第十五题为勾股形容方问题,已知(图

61)勾 a,股 b,则内容正方形边长为 $\dfrac{ab}{a+b}$。

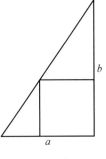

图 61

53

12　重差术

　　《周髀算经》里原来有夏至日测量太阳高出地面的方法。在南北相距一千里的两处地方,各立高八尺的"表",夏至日日中量这二表的影长,北表影长一尺六寸,南表影长一尺五寸,影长相差一寸。由此计算夏至日太阳高出地面约为 $\dfrac{80}{1} \times 1\,000 = 80\,000$ 里。因为地面是球面,不是平面,用这种方法来测量太阳的高是不合理的。但是用这种方法来测量地平面上几里路以内目的物的高、深、广、远却是准确的。凡不知道目的物的远近,要量它的高,必须两次"偃矩"测望;量它的深,必须两次"复矩"测望;量二目的物间的距离,必须两次"卧矩"观测。东汉时代的数学家叫这种测量方法为重差术。三国末刘徽举了九个例题,编写"重差"章,附在《九章算术》"勾股"章的后面。因为它的第一题是一个测量海岛的问题,这个重差章的单行本在唐朝以后就有《海岛算经》的名称。

　　《海岛算经》第一题(图62):"今有望海岛(MP)。立两表(CB、GF)齐高三丈,前后相去(GC)千步。令后表与前表参相直。从前表却行(AC)一

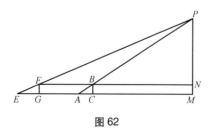

图62

百二十三步,人目着地,取望岛峰,与表末参合。从后表却行(EG)一百二十七步,人目着地,取望岛峰,亦与表末参合。问岛高(MP)及去表(CM)各几何?"

已知 $CB = GF = 3$ 丈, $GC = 1\,000$ 步, $AC = 123$ 步, $EG = 127$ 步, 求岛高 MP 和岛远 CM。

因
$$NP \cdot EG = FN \cdot GF$$
$$NP \cdot AC = BN \cdot CB$$

二式相减, 得

$$NP(EG - AC) = GC \cdot CB$$

$$NP = \frac{GC \times CB}{EG - AC}$$

$$MP = \frac{GC \times CB}{EG - AC} + CB$$

$$CM = BN = \frac{AC \times NP}{CB} = \frac{GC \times AC}{EG - AC}$$

所以刘徽的术文说:"以表高(CB)乘表间(GC)为实, 相多($EG-AC$)为法, 除之, 所得加表高(CB)即岛高。求前表去岛远近者, 以前表却行(AC)乘表间(GC)为实, 相多($EG-AC$)为法, 除之, 得岛去表里数。"

又第三题(图63):"今有南望方邑, 不知大小。立两表(CD)东西去六丈, 齐人目, 以索连之。令东表(C)与邑东南隅及东北隅(M)参相直。当东表之北却行五步(AC), 遥望邑西北隅(P), 入索东端二丈二尺六寸半(CB)。又却北行去表十三步二尺(EC), 遥望邑西北隅适与西表(D)相参合。问邑方(MP)及邑去表(CM)各几何。"

已知 $AC = 25$ 尺, $CB = 22.65$ 尺, $CD = 60$ 尺, $EC = 67$ 尺, 求"邑方"MP 和"邑去表"CM。

在图上作 FB 和 EC 平行, GF 和 CB 平行。因勾股形 EFG 和 EDC 相似,

故
$$EG = \frac{EC \times GF}{CD} = \frac{EC \times CB}{CD},$$

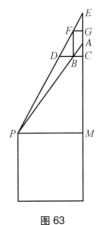

图63

$$EG - AC = \frac{EC \times CB}{CD} - AC。$$

依第一题术

$$MP = \frac{GC \times CB}{EG - AC} + CB = \frac{EA \times CB}{EG - AC}$$

$$= \frac{(EC - AC)CB}{EG - AC}$$

$$CM = \frac{GC \times AC}{EG - AC}$$

$$= \frac{(EC - EG)AC}{EG - AC}。$$

在《海岛算经》的例题里,有的求远处山上一棵松树的高,有的求山下一条溪水的阔,要用着三次或四次测望才能解决问题。刘徽自序说,"度高者重表,测深者累矩,孤离者三望,离而又旁求者四望。触类而长之,则虽幽遐诡伏,靡所不入。"每一个例题都有启发数学思维的意义。在秦九韶《数书九章》里还有更复杂的重差术问题。

13 勾股弦定理和它的应用

　　《周髀算经》的开卷第一章记着商高回答周公的话。他说："故折矩以为勾广三,股修四,径隅五。"这是说,如果直角三角形直角旁二边的长是 3 和 4,那末它的斜边必定是 5。反过来说,三角形三边的长成 3：4：5 连比时,必定是一个勾股形。我们可以想象,古人利用这个勾股形的特征来决定二个互相垂直的方向。但是我们不能根据这一个特例,就断定在周朝初年(公元前 1100 年)勾股弦定理已经发现了。

　　《周髀算经》是一部西汉末、东汉初(公元第一世纪)的天文学书。书内应用着勾平方加股平方等于弦平方的公式,但没有证明。在东汉初年,勾股弦定理和从它出发导来的许多有用公式已经建立起来了。当时的数学家就把"勾股"章作为《九章算术》的第九章。那时勾股算术的主要内容要以赵爽的"勾股圆方图注"说得最为简明。赵爽字君卿,大约是三国吴人(第三世纪初)。"勾股圆方图注"是他所写的《周髀注》的一部分。原有的图早已失传,现在传本《周髀算经》里所附的图是后来的读者杜撰出来的,和注文的意义不大符合。我们依据注文补绘下面五个图形,用来说明他的勾股算术。

　　1．"勾股各自乘,并之为弦实。开方除之即弦。"赵爽用"弦图"来证明这个定理。他所谓"弦实"是弦平方的面积,"弦图"是以弦为方边的正方形。在"弦图"内作四个相等的勾股形,各以正方形的边为弦,如图 64。赵爽称这些勾股形面积为"朱实",中间的小

图64

正方形面积为"黄实"。设四个勾股形的勾是 a，股是 b，弦是 c，那末，1 个朱实是 $\frac{1}{2}ab$，4 个朱实是 $2ab$，黄实是 $(b-a)^2$。所以 $c^2 = 2ab + (b-a)^2 = a^2 + b^2$。这就证明了

$$a^2 + b^2 = c^2, \quad c = \sqrt{a^2 + b^2} \tag{1}$$

刘徽在《九章算术》"勾股"章"注"中说："勾自乘为朱方，股自乘为青方，令出入相补各从其类……合成弦方之幂。"这是勾股定理的另一个证明。所绘的"青出朱入图"和赵爽的"弦图"不同。可惜刘徽的图早已失传，难以查考了。

图 65

2. 在"弦图"内划去一个以股 b 为方边的正方形，余下来的是一个曲尺形，它的面积是 $c^2 - b^2 = a^2$，赵爽叫它"勾实之矩"，如图 65。如果把这曲尺形的"勾实之矩"依虚线处剪开，拼成一个长方形，那末，它的长是 $c+b$，阔是 $c-b$。所以

$$a^2 = (c+b)(c-b)$$
$$a = \sqrt{(c+b)(c-b)} \tag{2}$$

又

$$c+b = \frac{a^2}{c-b}, \quad c-b = \frac{a^2}{c+b}$$

故

$$c = \frac{(c+b)^2 + a^2}{2(c+b)}, \quad b = \frac{(c+b)^2 - a^2}{2(c+b)} \tag{3}$$

3. 同样在"弦图"内划去一个以勾 a 为方边的正方形，余下来的是一个面积等于 b^2 的曲尺形，称为"股实之矩"，如图 66。把这"股实之矩"依虚线处剪开，拼成一长方形，它的长是 $c+a$，阔是 $c-a$。所以

$$b^2 = (c+a)(c-a)$$

图 66

$$b = \sqrt{(c+a)(c-a)} \tag{4}$$

又 $$c + a = \frac{b^2}{c-a}, \quad c - a = \frac{b^2}{c+a}$$

故 $$c = \frac{(c+a)^2 + b^2}{2(c+a)}, \quad a = \frac{(c+a)^2 - b^2}{2(c+a)} \tag{5}$$

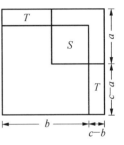

图 67

4. 把图 66 旋转 180°, 合在图 65 的上面, 就是图 67。图中小正方形 S 的边长是 $a+b-c$。左上角和右下角的二长方形的边长各是 $c-a$, 阔是 $c-b$, 面积 $T = (c-a)(c-b)$。

因 $$a^2 + b^2 - S = c^2 - 2T$$

故 $$2T = S$$

$$2(c-a)(c-b) = (a+b-c)^2$$

所以 $$\sqrt{2(c-a)(c-b)} + c - b = a$$

$$\sqrt{2(c-a)(c-b)} + c - a = b$$

$$\sqrt{2(c-a)(c-b)} + (c-a) + (c-b) = c \tag{6}$$

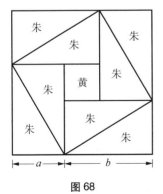

图 68

5. 在图 64 的"弦图"之外再加上四个"朱实", 拼成一个以 $a+b$ 为方边的正方形, 如图 68。这个正方形的面积比两个"弦实"($2c^2$) 少一个"黄实"$(b-a)^2$, 所以

$$(a+b)^2 = 2c^2 - (b-a)^2$$

因得 $$a + b = \sqrt{2c^2 - (b-a)^2}$$

$$b - a = \sqrt{2c^2 - (a+b)^2} \tag{7}$$

勾、股、弦和它们的"和" $a+b$, $c+a$, $c+b$, "差" $b-a$, $c-a$, $c-b$, 共计九种。已知九种中的任意二种求解这个勾股形的问题就有 $\frac{1}{2} \times 9 \times 8 = 36$

种。依据赵爽的公式可以解决其中 24 种问题。《九章算术》"勾股"章的第一题到第十四题全是这类性质的应用问题。刘徽的"注"也引用了赵爽的话。

例如第六题:"今有池方一丈,葭生其中央,出水一尺。引葭赴岸,适与岸齐。问水深、葭长各几何?""答曰:水深一丈二尺,葭长一丈三尺。"

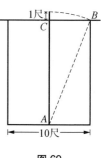

图 69

解:在 ABC 勾股形内(图 69),设勾 $CB = a$,股 $AC = b$,弦 $AB = c$,已知 $a = 5$ 尺,$c - b = 1$ 尺,因 $c + b = \dfrac{a^2}{c - b}$,所以

$$b = \frac{1}{2}\left[\frac{a^2}{c - b} - (c - b)\right] = \frac{a^2 - (c - b)^2}{2(c - b)} = 12 \text{ 尺}$$

$$c = b + (c - b) = 13 \text{ 尺}$$

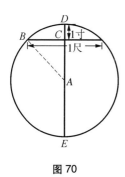

图 70

第九题:"今有圆材埋在壁中不知大小,以锯锯之,深一寸,锯道长一尺。问径几何?""答曰:材径二尺六寸。"

解:在勾股形 ABC 内(图 70),设 $BC = a$,$AC = b$,$AB = c$。已知 $a = 5$ 寸,$c - b = 1$ 寸,而 $CE = c + b = \dfrac{a^2}{a - b} = 25$ 寸。故 $ED = (c + b) + (c - b) = 25 + 1 = 26$ 寸。

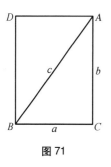

图 71

第十二题:"今有户不知高广,竿不知长短,横之不出四尺,纵之不出二尺,邪之适出。问户高、广、邪各几何?""答曰:广六尺,高八尺,邪一丈。"

解:在勾股形 ABC 内(图 71),设户广 $BC = a$,高 $AC = b$,邪 $AB = c$。已知 $c - a = 4$ 尺,$c - b = 2$ 尺,因而 $a + b - c = \sqrt{2(c - a)(c - b)} = 4$ 尺(参阅本节

4），$a = 4 + 2 = 6$ 尺，$b = 4 + 4 = 8$ 尺，$c = 4 + 4 + 2 = 10$ 尺。

第十三题："今有竹高一丈，末折抵地，去本三尺，问折者高几何？""答曰：四尺二十分尺之十一。"

解：在勾股形 ABC 内（图 72），已知 $CB = a = 3$ 尺，

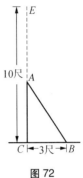

$CE = CA + AB = b + c = 10$ 尺，因而 $c - b = \dfrac{a^2}{c + b} = \dfrac{9}{10}$ 尺，所

以 $b = \dfrac{1}{2}\big[(c + b) - (c - b)\big] = \dfrac{1}{2}\left(10 - \dfrac{9}{10}\right) = 4\dfrac{11}{20}$ 尺。

图 72

印度婆罗笈多（Brahmagupta）所著书（628 年）中有一个折竹问题和上面第十三题相仿，婆斯加罗（Bhaskara）所著书（1150 年）中有一个莲花问题和第六题相仿，但题中数字都经过改换。

后来元朝朱世杰的《算学启蒙》里创设了公式

$$\sqrt{2(c + a)(c + b)} = a + b + c$$

清朝的数学家又增添

$$\sqrt{2(c - a)(c + b)} = b + c - a, \quad \sqrt{2(c + a)(c - b)} = a - b + c$$

二公式，然后上述的三十六种问题都可以解决了。

如果把 $a + b + c$，$a + b - c$，$a - b + c$ 和 $b + c - a$ 四种并入上述的九种共计十三种，那末，已知十三种中任意二种求解勾股形的问题就有七十八种。为了要解决全部的问题，项名达撰《勾股六术》（1825 年）、宋演撰《勾股一贯述》（1878 年）等又添补几个有用的公式。有许多问题是要解二次方程来解答的。

唐初王孝通撰《缉古算术》开始用 ab 积或 ac 积、bc 积为问题中的一个已知数，解勾股形问题都需要求出一个三次方程的正根。例如《缉古算术》第十七题，已知 $ac = A$，$c - b = k$，求 b。按照他的"自注"，用符号演算如下：

$$A^2 = a^2 c^2$$

$$\frac{A^2}{2k} = \frac{a^2 c^2}{2(c-b)} = \frac{1}{2}(c+b)c^2$$

$$= \left(b + \frac{k}{2}\right)(b+k)^2$$

$$= b^3 + \frac{5}{2}kb^2 + 2k^2 b + \frac{1}{2}k^3$$

开带从立方 $\qquad x^3 + \dfrac{5}{2}kx^2 + 2k^2 x = \dfrac{A^2}{2k} - \dfrac{1}{2}k^3$

即得 $\qquad\qquad\qquad\qquad x = b$

　　元初的数学家李冶、朱世杰等运用天元术或四元术,还可以解决关于勾股形的更为复杂的问题。

14 勾股形的各种容圆

　　《九章算术》"勾股"章第十六题："今有勾八步,股十五步,问勾中容圆径几何?"这是一个勾股形内切圆的问题。解题所用的公式是圆径 $d = \dfrac{2ab}{a+b+c}$。依据刘徽的"注",这个公式是用面积证明的。从圆心作三边的垂线,并作和三顶点的联线,分整个勾股形为六个小勾股形。将分割开来的六个小勾股形重新拼凑为一个长方形,如图73,则该长方形的底为 $\dfrac{1}{2}(a+b+c)$,高为圆半径 $\dfrac{1}{2}d$。把四个相等的勾股形,同样分割拼凑,可以合成一长方形,它的长是 $a+b+c$,高是 d,而面积是 $2ab$,即 $(a+b+c)d = 2ab$,所以 $d = \dfrac{2ab}{(a+b+c)}$。这样,圆径公式就得到了证明。

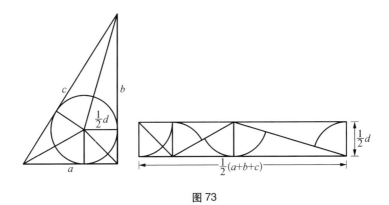

图 73

刘徽还说圆径 d 等于 $a+b-c$，他大概知道恒等式 $(a+b-c)(a+b+c)=2ab$ 是成立的。

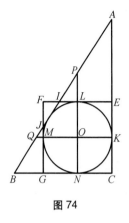

图74

在十三世纪中，李冶深入研究切于勾股形边线的圆，写成《测圆海镜》十二卷。这是中国数学史上的一个辉煌的成就。

《测圆海镜》开卷有一个附图，图上有圆 KLMN 内切于勾股形 ABC。过圆心 O 作和 CB 边、CA 边平行的线 KQ、NP，和圆交于 M、L。过 M、L 作圆的切线 GF、EF，和弦 AB 交于 J、I 两点。这样在图上有九个相似的勾股形，各和圆有特殊的关系。九种容圆的名目和圆径的公式列表如下：

勾股形	容圆种类	圆径公式
ABC	勾股容圆	$d = \dfrac{2ab}{a+b+c} = a+b-c$
AIE	勾外容圆	$d = \dfrac{2ab}{b+c-a} = a-b+c$
JBG	股外容圆	$d = \dfrac{2ab}{a-b+c} = b+c-a$
JIF	弦外容圆	$d = \dfrac{2ab}{a+b-c} = a+b+c$
PQO	勾股上容圆	$d = \dfrac{2ab}{c}$
AQK	勾上容圆	$d = \dfrac{2ab}{b+c}$
PBN	股上容圆	$d = \dfrac{2ab}{a+c}$
PIL	勾外容圆半	$d = \dfrac{2ab}{c-a}$

JQM	股外容圆半	$d = \dfrac{2ab}{c-b}$

已知图上任意两个不相等的线段的长,都有法推算圆径。为了要解决这类问题,李冶于上述"九容"公式之外,又创设了几百个表示各线段间关系的恒等式,丰富了勾股算术的内容。

《测圆海镜》"自序"说:"老大以来,得洞渊九容之说,日夕玩绎。"第十一卷第十八题附注:"此问题系是'洞渊测圆门'第一十三,前答亦依洞渊细草。"洞渊究竟是人名还是书名,现在无可查考。第七卷又引《钤经》勾外容圆法。《钤经》是石信道的著作,也早已失传了。可见当时研究勾股形各种容圆的不止李冶一家,《测圆海镜》一定是一部后来居上的作品,所以能够流传到现在。

《测圆海镜》第二卷第五题的解法说:"此为弦上容圆也。以勾、股相乘,倍之为实,以勾、股和为法。"弦上容圆应是心在勾股形的弦上,而切于勾、股的圆。但是图中九个勾股形的弦都不通过圆心,所以这个弦上容圆不在"九容"之内。《测圆海镜》图上原来有以圆半径为勾的勾股形,和以圆半径为股的勾股形。但是它们的边线都不和圆相切,所以没有"勾弦上容圆"或"股弦上容圆"的名目。

清末李善兰于 1876 年前后,在《测圆海镜》的图上多画了一条通过圆心 O 而和 AB 弦平行的直线,如图 75。设这条直线和 CA 交于 R,和 EF 交于 S,和 CB 交于 T。这样,又增添四个和原勾股形相似的勾股形,才做到考虑周密的地步。

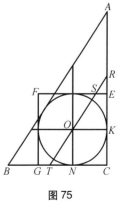

图 75

勾股形	容圆种类	圆径公式
ROK	勾弦上容圆	$d = \dfrac{2ab}{b} = 2a$
OTN	股弦上容圆	$d = \dfrac{2ab}{a} = 2b$

RTC	弦上容圆	$d = \dfrac{2ab}{a+b}$
RSE	弦外容圆半	$d = \dfrac{2ab}{b-a}$

勾、股、弦和它们的和、差共有十三种,对应着十三个相似的勾股形,因而产生十三种容圆的方式。各以十三种中的一种除勾、股相乘积的二倍,即得各种容圆的圆径。

15　圆周率

关于圆周率,中国古代相传有"径一周三"的说法。到东汉初年的《九章算术》里,圆面积和圆柱、圆锥的体积还是用 $\pi = 3$ 来计算。例如"方田"章圆田面积的求法用公式 $S = \dfrac{3}{4}D^2$ 或 $S = \dfrac{1}{12}P^2$,式内 D 是圆径,P 是圆周。

西汉末,刘歆为王莽造圆柱形的标准量器"律嘉量斛"。我们从它的铭文上记录的直径、深度和容积,计算出刘歆取用的周率大约是 3.154 7。东汉天文学家张衡取用 $\pi = \sqrt{10}$,三国吴天文学家王蕃取用 $\pi = \dfrac{142}{45}$。 以上三个周率近似值都凭经验得来,没有理论根据。

第一个把推求圆周率近似值的方法放在理论基础上面的是魏末晋初注解《九章算术》的刘徽。他首先看出圆内接正六边形的一边和半径相等,周长是半径的六倍,"径一周三"只是正六边形周径的比率。以半径乘圆内接正六边形的一边,三倍之得圆内接正十二边形的面积,用公式 $S = \dfrac{3}{4}D^2$ 计算,只能得到内接正十二边形的面积。把内接正多边形的边数,从六边形起,屡次加倍,所得的面积逐渐增大。圆内接正多边形的边数愈多,它的面积和圆面积相差愈少。刘徽说:"割之弥细,所失弥少。割之又割,以至于不可割,则与圆(周)合体而无所失矣。觚面之外,又有余径。以面乘(余)径则幂出圆表。若夫觚之细者与圆合体,则表无余径。

67

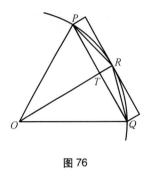

图 76

表无余径则幂不外出矣。"这一段话说明：圆内接正 n 边形任何一边 PQ 的中点 T 和 PQ 弧的中点 R 之间有一个距离 TR，以 PQ 乘 TR，所得的长方形有一部分在圆内，而其他部分突出圆外，如图 76。设 S_n 表示圆内接正 n 边形面积，S_{2n} 表示圆内接正 $2n$ 边形面积，S 为圆面积，则 $n\,\overline{PQ} \cdot \overline{TR} = 2(S_{2n} - S_n)$，

$$S_n + 2(S_{2n} - S_n) = S_{2n} + (S_{2n} - S_n) > S$$

因而有下列不等式

$$S_{2n} < S < S_{2n} + (S_{2n} - S_n)$$

当 n 无限地增大时，显然 $S_{2n} - S_n$ 趋于零，因而确定 S_{2n} 趋于 S。

假设圆的半径是 r，圆内接正 n 边形的一边长是 l_n，则内接正 $2n$ 边形的面积 $S_{2n} = n \times \dfrac{rln}{2}$。

刘徽已知圆内接正六边形每边长和半径相等。设半径 $\overline{OP} = 1$ 尺 $= 1\,000\,000$ 忽，则 $\overline{PT} = 500\,000$ 忽。

$$\overline{OT} = \sqrt{\overline{OP^2} - \overline{PT^2}} = 866\,054\,\frac{2}{5}\ \text{忽}$$

$$\overline{TR} = \overline{OR} - \overline{OT} = 133\,945\,\frac{3}{5}\ \text{忽}$$

$$\overline{PR^2} = \overline{PT^2} + \overline{TR^2} = 267\,949\,173\,445(\text{方})\ \text{忽}$$

$\overline{PR}$ 就是圆内接正十二边形的一边，由此可得圆内接正二十四边形的面积。

仿此推算，刘徽求得圆内接正二十四边形、正四十八边形、正九十六边形每边的长，因而得

$$S_{96} = 313\frac{584}{625}(方)寸, \quad S_{192} = 314\frac{64}{625}(方)寸$$

$$S_{192} - S_{96} = \frac{105}{625}(方)寸$$

$$S_{192} + (S_{192} - S_{96}) = 314\frac{169}{625}(方)寸$$

所以　　　　$314\frac{64}{625} < 100\pi < 314\frac{169}{625}$ （100π 是圆的面积）

刘徽舍去不等式两端的分数部分，即取 $100\pi = 314$ 或 $\pi = \dfrac{157}{50}$。

他说，这个周率 $\dfrac{157}{50}$ 还是太小，一个准确的周率应该是：

$$100\pi = 314\frac{64}{625} + \frac{36}{625} = 314\frac{4}{25}$$

$$\pi = \frac{3\,927}{1\,250}$$

刘徽又继续推算圆内接正多边形的面积，算出正 3 072 边形的面积，因而证实上述结果的准确性。

周率 $\dfrac{3\,927}{1\,250}$ 化为小数表示是 3.141 6。印度第五世纪中的数学家阿耶婆多(476—? 年)采用周率 $\pi = \dfrac{3\,927}{1\,250}$，而不加说明，大概是从中国传去的。

当边数无限地增大时，圆内接正多边形的面积趋近于圆面积。公元前第五世纪中的希腊数学家安提丰(Antiphon)最早发现这个定理，但没有能够计算出 π 的近似值。公元前三世纪中，阿基米德以为圆周长介于圆内接多边形周长和外切多边形周长之间，他算出 $3\frac{10}{71} < \pi < 3\frac{1}{7}$。中国理论数学的发展远在希腊数学的后面，而刘徽得到的成就超过和他同时代的数学

家,这是值得夸耀的。要理解刘徽所以有这样辉煌成就的道理,我们必须指出:(1)刘徽的不等式只需用圆内接正多边形面积而不要外切形面积,所以能够事半功倍;(2)我国祖先早用地位制记数,乘方、开方都能正确地迅速地完成,计算工作比希腊人要容易得多。

刘徽求得周率近似值后约二百年,南朝刘宋的祖冲之进一步推算出更精密的圆周率。可惜他写的《缀术》早已失传,他的推算方法难以详细叙述。《隋书·律历志》记录,"宋末南徐州从事史祖冲之更开密法,以圆径一亿为一丈,圆周盈数三丈一尺四寸一分五厘九毫二秒七忽,朒数三丈一尺四寸一分五厘九毫二秒六忽,正数在盈朒二限之间。密率:圆径一百一十三,周三百五十五;约率:圆径七,圆周二十二。"根据《隋书》我们知道祖冲之化一丈为 100 000 000 微,他逐步计算正多边形面积准确到至少九位有效数码,比刘徽多二位。假定他的计算方法和刘徽相同,他算出

$$S_{6\,144} = 314\,159\,251\ 方厘$$

$$S_{12\,288} = 314\,159\,261\ 方厘$$

$$S_{12\,288} + (S_{12\,288} - S_{6\,144}) = 314\,159\,271\ 方厘$$

因而得出 $314\,159\,261\ <\ 100\,000\,000\pi\ <\ 314\,159\,271$

用小数来表示,我们把上式写成:

$$3.141\,592\,6\ <\ \pi\ <\ 3.141\,592\,7$$

但是古代数学家习惯用分数表示有奇零的数字,祖冲之用下列两个圆周近似值

$$约率:\pi = \frac{22}{7}$$

$$密率:\pi = \frac{355}{113}$$

$\pi = \dfrac{22}{7}$ 不是祖冲之的创造,在祖冲之幼年的时候,何承天已经采用过这个

近似值了。密率$\frac{355}{113}$约等于3.141 592 9,准确到小数第六位。他怎样得到这个辉煌成就,现在研究祖国数学遗产的人们各有各的臆见,还没有得到定论。

十四世纪中赵友钦从圆内接正方形算起,推求圆内接正 8，16，32，…，16 384 边形的面积,最后证明祖冲之周率$\frac{355}{113}$是一个精密的近似值。

16 球的体积

中国古代把球叫做"立圆",又叫做"浑",又叫做"丸"。《九章算术》"少广"章有已知"立圆"体积求径的算法:"术曰,置积(立方)尺数,十六乘之,九而一,所得,开立方除之,即(立)圆径。"设 D 表示球径,V 表示球体积,则《九章》原术是

$$D = \sqrt[3]{\frac{16}{9}V}$$

也就是说

$$V = \frac{9}{16}D^3$$

这个公式的来历说明如下:《九章算术》一贯用圆周率 $\pi \approx 3$,圆面积是外切正方形面积的四分之三,直径和高相等的圆柱体体积是外切正立方体体积的四分之三。《九章算术》的编写者又认为球的体积也是它的外切圆柱体体积的四分之三,所以球体积是外切正立方体体积的十六分之九。这个没有理论基础的球体积公式流传到印度,为印度数学家所采用,这是印度数学取法于中国古代数学的一个证明。

"少广"章的刘徽"注"首先批判这个算法的错误,他说,依照"径一周三",求正立方体内切圆柱体体积,所得太小;取圆柱体体积的四分之三作为内切球的体积,又是太大。"互相通补,是以九与十六之率,偶与实际相近。"球和外切立方体体积的比是不容许直观地发现的。他又说,取方边一

72

寸的立方形棋子八枚,拼成一个方边二寸的立方体,如图 77。设 A、A' 为立方体的前面和后面的中心点,B'、B 为左面和右面的中心点。AA' 和 $B'B$ 二线正交于立方体的中心 O。以 AA' 作轴,OB 为半径,作一圆柱面,又以 $B'B$ 作轴,OA 为半径,作一圆柱面。这两个圆柱面所包含的立体的共同部分,如图 78 所示。

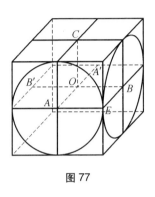

图 77

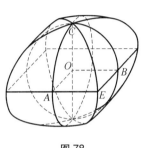

图 78

因为它的外表像两把上下对称的正方形的伞,刘徽给它提一个名称叫"牟合方盖"。古人叫伞做"盖"。"牟"与"侔"字通,有相等的意义。在这个牟合方盖里,可以内切一个半径一寸的球,球的体积应得是牟合方盖体积的 $\dfrac{\pi}{4}$。这个牟合方盖的体积不等于球外切圆柱体的体积,所以,刘徽断定"少广"章里这个算法是错误的。但是他没有找到牟合方盖体积的求法,只是十分谦虚地说:"欲陋形措意惧失真理。敢不阙疑,以俟能言者。"这种提出存在的问题,启发别人钻研的作风,必然会促使真理的迅速发现。

二百年后,刘宋时代的祖冲之终于解决了刘徽提出的问题。祖冲之取刘徽所用八个立方棋子中的一个棋子 $OABC$。这个棋子在上述两个圆柱面内的部分,是牟合方盖全体的八分之一,如图 79。设 $OP = z$,过 P 作平面和 $OAEB$ 平行,$PQRS$ 的面积是牟合方盖的一个水平剖面积的四分之一。因 $OS = OQ = OA = r$,故 $PS = PQ = \sqrt{r^2 - z^2}$。正方形 $PQRS$

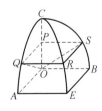

图 79

73

的面积是 $r^2 - z^2$。因而牟合方盖的剖面积是 $4r^2 - 4z^2$。这里，$4r^2$ 是一个常量，就是内切球径的平方 D^2；$4z^2$ 是一个变量，从 $z = 0$ 时 $4z^2 = 0$，到 $z = \dfrac{D}{2}$ 或 $-\dfrac{D}{2}$ 时 $4z^2 = D^2$。牟合方盖的任何水平剖面积既然是两个面积 D^2 和 $4z^2$ 的差，它的体积也可以理解作两个立体积的差。这两个立体积：一个是水平剖面积 D^2 而高是 D 的正立方体体积，另一个是两个正方锥所组成的体积，正方锥的底面积是 D^2 而高 $\dfrac{D}{2}$，两个正方锥体积是 $2 \times \dfrac{1}{3}D^2 \times \dfrac{D}{2} = \dfrac{1}{3}D^3$。所以牟合方盖的体积是 $D^3 - \dfrac{1}{3}D^3 = \dfrac{2}{3}D^3$。直径为 D 的球体积是 $\dfrac{\pi}{4} \cdot \dfrac{2}{3}D^3 = \dfrac{\pi}{6}D^3$。祖冲之的圆周"约率" $\pi = \dfrac{22}{7}$，故球体积 $V = \dfrac{11}{21}D^3$。

祖冲之所写的《缀术》在北宋时已经失传，现在根据唐初李淳风等的《九章算术注释》所引他的儿子祖暅的话，叙述上面关于球体积公式的史料。祖冲之父子在刘徽《九章算术注》的基础上进一步钻研，校正了《九章算术》旧术的错误，他们的成就比圆周率的计算更加伟大。

他们根据"幂势既同，则积不容异"的原则，认识到牟合方盖的体积，同一个立方体内挖去两个正方锥的体积相等。这和在他们一千年之后，意大利数学家卡伐里列（Cavalerie）所提出的公理有相仿的意义。

17　度量衡单位的十进制

　　劳动人民为了生产事业的需要,选择适当的度量衡单位和便利的进法。在秦以前的书籍中,我们常常见到各种度量衡单位名称,但因考证困难,无法确定它们的实际分量。不同地区的古代人民各有他们的度量衡制度,大小单位间有二进的,有四进的,也有八进、十进、十二进、十六进的,十分紊乱。公元前 221 年秦朝统一以后,中央政权颁布"一法度,衡石,丈尺"的法令,并发给度量衡的标准器,命令郡县人民一体遵用。西汉依照秦朝制度没有改变。汉平帝元始年间(公元 1 年到 5 年)王莽当权,他叫刘歆修正度量衡制。据《汉书·律历志》所记,当时规定日常应用的度量衡单位是:

　　　　长度　1 引 = 10 丈 = 100 尺 = 1 000 寸 = 10 000 分

　　　　容量　1 斛 = 10 斗 = 100 升 = 1 000 合 = 2 000 龠

　　　　重量　1 石 = 4 钧 = 120 斤,1 斤 = 16 两,1 两 = 24 铢

根据那时颁发的标准量器"律嘉量斛"的尺寸和重量,我们知道 1 尺约等于现在的 0.69 市尺,1 升约等于 0.20 市升,1 斤约等于 0.45 市斤。《汉书·律历志》在讨论"备数"的一节里,还说:"度长短者不失毫厘,量多少者不失圭撮,权轻重者不失黍絫。"这说明为了精密的计算,那时的数学家还创造了比一分、一龠、一铢更微小的度量衡单位。

　　《九章算术》"方田"章刘徽"注"于计算圆内接正多边形边长时,尺以下采用寸、分、厘、毫、秒、忽六个单位,都是十进位。流传本的《孙子算经》

75

把"秒"字改成"丝"字,因而现在我们通用的长度单位是:

$$1 丈 = 10 尺 = 10^2 寸 = 10^3 分 = 10^4 厘 = 10^5 毫$$
$$= 10^6 丝 = 10^7 忽$$

《孙子算经》上的容量单位是:

$$1 斛 = 10 斗 = 10^2 升 = 10^3 合 = 10^4 抄 = 10^5 撮$$
$$= 10^6 圭 = 6 \times 10^6 粟$$

斛原本是量十斗米的量器。后世升、斗的实际分量增大,量粮食改用五斗的斛子,故改用 1 石为 10 斗的单位名称。

衡制的微小单位,从汉以后沿用 1 铢 = 10 絫 = 100 黍。汉、魏、六朝最小的钱币名为"五铢",而实际只有它的一半重。到唐朝武德四年(621 年)开始铸"开元通宝"钱,明白规定每枚重二铢四絫,凡十枚重一两。这种"制钱"通行得很久,到后来,人民以一"钱"作为等于十分之一两的单位名称,并且借用长度单位分、厘、毫、丝、忽等为钱以下十进小数名称。北宋淳化三年(992 年),政府规定钱、分、厘、毫的衡制单位和铢絫黍制参用。宋朝人又废去钧、石二个重量单位,采用一担作为 100 斤的通称。

中国度量衡制到宋朝以后,除斤两仍旧是十六进之外,一概都是十进位。人民以十进法记数,度量衡单位改为十进,可以避免无谓的麻烦。《夏侯阳算经》(唐韩延所引)里,凡除数是 10 或 10 的乘幂的除法叫做"步除"。他举例说明步除的意义说,"如斛中求斗,斗中求升,升中求合,合中求勺,勺中求抄;及丈中求尺,尺中求寸,寸中求分。"这证明度量衡单位改为十进是中国古代数学家们有意识的改进。

西洋各国古代各城市所用度量衡单位名目繁多,单位间进法杂乱无章,都不用十进法。直到十八世纪末,法国议会始有十进制度量衡单位的规定。靠当时革命政府的大力推动,到 1840 年才在法国国内开始通行。到本世纪(20 世纪),大多数国家都采用公尺、公升、公斤作度量衡的标准单位。

18 十进小数

　　古人记数,碰到单位之下还有奇零的数字,常常用分数来表示。例如:一个阴历月平均约有 29.53 日,西汉初年的《四分历》术用 $29\frac{499}{940}$ 日来表示,汉武帝时代的《太初历》术用 $29\frac{43}{81}$ 日来表示。刘徽《九章算术注》"方田"章,在已知半径一尺的圆面积约为 $314\frac{4}{25}$ 方寸之后,知直径 200 寸的圆,周长约为 $628\frac{8}{25}$ 寸,它们的比是 $628\frac{8}{25}\Big/200=\frac{15\,708}{5\,000}$,约分后是 $\frac{3\,927}{1\,250}$。假如用现代小数法计算,我们有 628.32:200＝3.141 6,就要简便些。

　　刘徽又于求面积 75 方寸的正方形方边时,先化 75 方寸为 750 000 000 000 方忽,开平方得方边 866 025 忽,而方面积还有余数 699 375 方忽。他把"借算"再退二位,继续开方,得方边的第七位数码 4。用这个"4"为分子,10 为分母,约分得 $\frac{2}{5}$ 忽。故得方边"八寸六分六厘二秒五忽,五分忽之二"。刘徽"少广"章开平方术"注",于计算到平方根的个位后,如果还有余"实",他说,"加定法如前,求其微数。微数无名者以为分子,其一退以十为母,其再退以百为母。退之弥下,其分弥细。"这种无名的微数实在就是个位下的十进位小数。中国度量衡制单位从汉以后逐渐改为十进,后世的数学家没有能够体会刘徽"微数"方法的用意,去更进一步创造一种十进位小数的记法,却添设了更小的十进位名数来表达精密的计算。

唐中宗时代,南宫说造《神龙历》(705 年),一个阳历年 365.244 8 日是"期周三百六十五日,余二十四,奇四十八",一个平均阴历月 29.530 6 日是"月法二十九日,余五十三,奇六"。他以百分之一日为"余",百分之一"余"为"奇"。八十年后,曹士芳造《符天历》术,也叫做"万分术",是以一日分为一万分,用四位数字表示日数的奇零部分的。这两种先进的记数法在当时都没有被普遍采用。一直到元朝郭守敬等的《授时历》法方才规定以一日为一百刻,一刻为一百分,一分为一百秒。周天弧度一度也是一百分,一分为一百秒。分、秒虽然仍旧是名数,但是和十进位小数相近了。

古代钱币以制钱一文为最低单位,一文之下,不再分析。唐朝韩延算书(伪《夏侯阳算经》)有一个问题的答案,用度量衡制的分、厘、毫、丝、忽十进位名数来表示制钱一文以下的奇零小数。又该书卷下有一题,解答时化绢三丈七尺五寸为匹(四丈为一匹)以下的小数,得 0.937 5 匹,不为这四位数另立名目,这和现在的小数记法差不多。

南宋秦九韶《数书九章》卷十二有一个计算复利息的问题,答案是:"末后一月钱,二万四千七百六贯二百七十九文,三分四厘八毫四丝六忽七微(无尘)七沙(无渺)三莽一轻二清五烟。"用现在小数法记出来是:24 706 279.348 467 070 312 5 文。

杨辉《田亩比类乘除捷法》所举例子中,有的化二尺为步后四分(1步=5 尺),有的化六两为斤后三分七厘五毫。元朱世杰《算学启蒙》卷首记录:"小数之类:一,分,厘,毫,丝,忽,微,纤,沙……"沙以上是十进,沙以下又添尘、埃、渺、模糊、逡巡、须臾、瞬息、弹指、刹那、六德、虚、空、清、净十四名,都是万万进。这无疑是受到佛经中印度微细单位名目的影响的。

度量衡制逐渐改为十进位后,一斤十六两还保留旧时进法,计算时有些麻烦。杨辉《日用算法》(1262 年)为了简化计算,编造有斤价求两价的歌诀:"一求,隔位六二五;二求,退位一二五;三求,一八七五记;四求,改曰二十五;五求,三一二五是;六求两价,三七五;七求,四三七五置;八求,转身变作五。"朱世杰《算学启蒙》内"斤求两"法有"一退六二五,二留一二五,三留一八七五……十四留八七五,十五留九三七五"十五句。其中"一退六二五"是说$\frac{1}{16}=0.062\,5$,把原有的 1 退去而在它的右边安放 625;"二留一二五"是说$\frac{2}{16}=0.125$,把原有的 2 改作 125。歌诀内"六二五"、"一二五"等数字都是十进小数。

　　蒙古人兀鲁伯(1393—1449 年)统治中亚细亚的时期,在他的属员中有一个数学大家阿尔卡希(Al-Kashi,? —1456 年),他计算圆周和半径的比准确到十六位小数,并且用数码

整数	分数
6	2 831 853 071 795 865

明确地表达出来。在欧洲,德国数学家鲁道尔甫(Christoff Rudolff)于 1530 年解答一复利息问题,开始用十进位小数,并且用一直竖隔开整数部分和小数部分。1617 年英国人讷白尔(John Napier)的对数表用一点"."作整数和小数的分界点,这就是现在小数点的起源。

　　根据上面这些史料,我们知道:在世界数学史上,十进位小数法很迟才得到发展,还是中国数学家的贡献要算最多而且最早。

19 四舍五入法

用有理数来表示一个实际数量的近似值,是难免有误差的。要使这个表示近似值的有理数相当简单而它的误差尽量减少,古代劳动人民很早就有相当于现在的"四舍五入"的办法。例如公元前第二世纪中,《淮南子·天文训》上用十二个整数表示十二律管的长度。他们假定黄钟律管的长是 81,那末林钟,54;太簇,72;南吕,48;姑洗,64;都是正确的整数。应钟$42\frac{2}{3}$进作 43;蕤宾 $56\frac{8}{9}$ 进作 57;大吕 $75\frac{23}{27}$ 进作 76;夷则 $50\frac{46}{81}$ 进作 51;夹钟 $67\frac{103}{243}$ 退作 67;无射 $44\frac{692}{729}$ 进作 45;中吕 $59\frac{2\,039}{2\,187}$ 进作 60;都是用四舍五入法写成整数。其中应钟四十三,流传本的《淮南子》书误作"四十二";夹钟六十七,误作"六十八",但《宋书·律历志》引这一节,这两个数字都没有错。

《九章算术》"均输"章第一题:甲、乙、丙、丁四县共出运粮米车一万辆,用衰分法(配分比例)求各县应出的车辆。因车辆必须是整数,算草结果的奇零部分须要用四舍五入法处理。

甲　县　　$10\,000 \times \dfrac{125}{376} = 3\,324\,\dfrac{176}{376} \approx 3\,324$

乙、丙县　　$10\,000 \times \dfrac{95}{376} = 2\,526\,\dfrac{224}{376} \approx 2\,527$

丁　县　$10\,000 \times \dfrac{61}{376} = 1\,622\dfrac{128}{376} \approx 1\,622$

"均输"章的原术是"有分者上下辈之"。刘徽"注"说,"辈,配也。车牛之数不可分裂,推少就多,均赋之宜。""推少就多"是上下分配的解释。

　　天文历法的计算工作要算出足够精密的有效数字,尽量删除无谓的奇零分数。三国时魏国杨伟的《景初历》术(237年)首先明确地提出"半法以上排成一,不满半法废弃之"的规则。"法"是除数,也就是分母。这是说分子大于分母的一半时,把分数进成一,分子小于分母的一半时舍去它。隋刘焯的《皇极历》法(600年)把这个规则说得更简捷,他说:"过半从一,无半弃之。"中国古代天文学家习惯上在一个不足近似值的后面注一"强"字,在一个过剩近似值的后面注一"弱"字。所以刘焯又说:"半以上为进,以下为退。退以配前为强,进以配后为弱。"

　　秦九韶《数书九章》卷五,"均分梯田"题,解一个二次方程得正根 $40\dfrac{52\,284}{58\,709}$ 步。他在答案的分数部分之后添注"大约百分步之八十九分",也就是用近似值40.89来表示这个正根。这和现在我们用百分数来表示两个数之比的近似值是有同样意义的。

　　中国十三世纪以后实用算术采用十进位小数,因而对于不必要的奇零数的处理方法,须要重点说明十进位小数的四舍五入法。程大位《算法统宗》卷一说:"今但有畸零者至于毫忽,以五收之,以四去之。"这等于说:不必要的奇零数大于五的进入前面一位,小于五的舍去它。

20　筹算乘除捷法

古代筹算乘除法,如本书第二节所讲,都要排列算筹上、中、下三层,乘法列相乘数于上、下层,积数于中层;除法列被除数于中层,除数于下层,商数于上层。演算手续都很繁重。唐、宋两朝的数学家为了适应当时工商业发展的需要,编写实用算术书,对于乘、除算法力求简捷。天文学家的数字计算更加繁重,尤其需要寻求速算方法。北宋沈括(1030—1094年)《梦溪笔谈》卷十八说:"算术多门,如求一、上驱、搭因、重因之类皆不离乘、除。惟增成一法稍异其术,都不用乘、除,但补亏就盈而已。假如欲九除者增一便是,八除者增二便是。"又说:"算术不患多学,见简即用,见繁即变,不胶一法乃为通术也。"他提到的这些乘、除捷法,大概起源于唐朝而普及于宋朝。《唐书·经籍志》和《宋史·艺文志》里记录的实用算术书很多,现在大都失传,不可详考。只有唐朝韩延算书(伪《夏侯阳算经》)和南宋杨辉的《乘除通变本末》三卷(前两卷叫《乘除通变算宝》,是杨辉自己著的,末一卷叫《法算取用本末》,是他和史仲荣合著的)现在有传本,还保存关于乘、除捷法的宝贵史料。

韩延算书卷下,问题的解法中,用一位乘、除来替代多位乘、除的例子很多。例如乘数为35时,以5乘后再以7乘;除数为12时,折半后再6除。这种分解乘数(或除数)为两个一位因数先后乘(或除)的方法,在宋朝算术书中叫做"重因"。

韩延算书卷下第三十一题,求 34 636×14 的乘积,用"身外添四"法。

原书没有算草,现在补出如下:

列算筹Ⅲ☰丅☰丅为被乘数。见被乘数末位是丅,呼"四六二十四",十位 2 加在丅上,个位 4 加到右边,得Ⅲ☰丅☰ 84。见被乘数的十位是☰,呼"三四十二"加上,得Ⅲ☰丅 504。见被乘数的百位是丅,呼"四六二十四",加上得Ⅲ☰ 8904。见被乘数的千位是☰,呼"四四十六",加上得Ⅲ 64 904。见被乘数首位是Ⅲ,呼"三四十二",加上得 484 904,即为乘积。

又如乘数为 17 时,用"身外添七"计算;乘数为 144 时,用"身外添四四"计算;乘数为 102 时,用"隔位加二"计算。凡乘数的首位数码是 1 的都可应用这个方法。只要排列一层算筹,便可很快的算出乘积。同样,除数的首位是 1 的,可以用减法替代除法。例如卷下第二十七题:436 752÷12 用"身外减二"法计算,补立算草如下:

列算筹☰Ⅲ⊥〒☰Ⅱ为被除数。见被除数首二位是☰Ⅲ,以 12 除得商首位 3,呼"二三如六",从被除数第二位里减去,得 3 〒⊥〒☰Ⅱ。见被除数第二位〒,议定商次位 6,呼"二六十二",减去,得 36 ☰〒☰Ⅱ。又议得商第三位 3,呼"二三如六",减去,得 363 〒☰Ⅱ。现在余数的第一位是〒,表示 11,上面两横是 10,下面一竖是 1。又议得商第四位 9,呼"二九十八",减去,得 3 639 ⊥Ⅱ。最后议得商末位 6,呼"二六十二",减尽,得 36 396,即是所求的商数。

南宋杨辉在他的《乘除通变算宝》里,系统地叙述唐、宋相传的"加法代乘"和"减法代除"的方法。加法代乘五术是:(1)乘数是 11,12,…,19 的"加一位";(2)乘数是 111,112,…,199 的"加二位";(3)乘数可分解为二因数,都可用加法代乘的用"重加";(4)乘数是 101,102,…,109 的"隔位加";(5)乘数是 21,22,…,29 或 201,202,…,299 的"连身加"。此外,杨辉还有"身前因"法,乘数是 21,31,…,91 的可以用它。这大概就是沈括所说的"上驱"。减法代除四术是:(1)"减一位",(2)"减二位",(3)"重减",(4)"隔位减"。上面所举韩延算书"身外减二"的例是"减一位"除法的特例。

乘数（或除数）首位是1的，可以用加法（或减法）来代乘（或除），首位不是1的，也可以把乘数（或除数）加倍或折半，使它首位变成1，然后用加（减）法计算。这种变通办法，唐、宋数学家叫它"求一"。杨辉《乘除通变算宝》里有"求一代乘除"法，编造的歌诀中有"五、六、七、八、九，倍之数不走。二、三须当半，遇四两折倍"等句子。例如237 000×56，见乘数首位是5，把乘数加倍，被乘数折半，得118 500×112，用"加二位"（加一二）法代乘。又如13 272÷56，把除数、被除数同时加倍，得26 544÷112，用"减二位"代除。

沈括所说的"增成"代除法，就是后来"九归"歌诀的前身，我们现在还无法考证它的创作时代。杨辉在《乘除通变算宝》里，叙述他的"九归捷法"，他在当时流传的四句九归古括的基础上，创造了新的歌诀三十二句，抄录如下：

归数求成十：九归，遇九成十；八归，遇八成十；七归，遇七成十；六归，遇六成十；五归，遇五成十；四归，遇四成十；三归，遇三成十；二归，遇二成十。

归除自上加：九归，见一下一，见二下二，见三下三，见四下四；八归，见一下二，见二下四，见三下六；七归，见一下三，见二下六，见三下十二，即九；六归，见一下四，见二下十二，即八；五归，见一作二，见二作四；四归，见一下十二，即六；三归，见一下二十一，即七。

半而为五计：九归，见四五作五；八归，见四作五；七归，见三五作五；六归，见三作五；五归，见二五作五；四归，见二作五；三归，见一五作五；二归，见一作五。

定位退无差。

上列七归歌诀中，依照"见一下三"、"见二下六"的例，"见三"应得"下九"，但是下一位的"九"中，还可以"遇七成十"，所以改作"见三下十二"，后来的珠算口诀又改作"七三四十二"。六归的"见二下十二"，四归的"见一下十二"，三归的"见一下二十一"，都可以仿此解释。

　　杨辉以为除数是二位数时,也可编造特殊的口诀来做除法。例如他的"八十三归"口诀是:"见一下十七,见二下三十四,见三下五十一,见四下六十八,见四一五作五,退八十三成百。"有被除数‖〓〇〓,以 83 除,补草如下:

　　见首位‖,即"下三十四",得 2 ⊥〓〇〓。见次位⊥,即减"四一五作五",余＝别求,得 2 5|〓〓。见所余的＝,"下三十四"得 27 〓〓〓。又"见四一五作五",得 275 〓〓。"退八十三成百",得 276 为商数。

　　这种利用特制的口诀作多位除法,杨辉叫它"穿除",又叫"飞归"。飞归法虽是容易理解,但总不如后来归除法能够普遍应用。

　　元朱世杰《算学启蒙》记录九归口诀三十六句:

　　"一归如一进,见一进成十。二一添作五,逢二进成十。三一三十一,三二六十二,逢三进成十。四一二十二,四二添作五,四三七十二,逢四进成十。五归添一倍,逢五进成十。六一下加四……九归随身下,逢九进成十。"

　　这些口诀和现在通行的珠算九归口诀大体相同了。

　　元朝数学家的归除法,22 908÷83 用"八归三除"法演算,算草如下:

　　列被除数‖〓〇〓。见首位‖,呼"八二下加四",得 2 ⊥〓〇〓,除去"二三如六",得 2 ⊥〓〇〓。见余数首位⊥,呼"八六七十四",得 27 〓〇〓,减去"三七二十一",得 27 〓〓〓。见余数首位〓,呼"八四添作五",得 275 〓〓,减去"三五十五",得 275 〓〓。见余数首位〓,呼"逢八进成十",又除去"一三如三",得 276。

　　除数为多位数时,估计商数有时发生困难,朱世杰在《算学启蒙》卷上"九归除法"门已有确定商数的方法,但没有明白写出运算口诀来。到十四世纪中贾亨的《算法全能集》和《丁巨算法》(1355 年)里,都把这种估计商数的方法,编成"撞归""起一"口诀。后来在珠算书里改编如下:

　　一归:见一无除作九一,无除起一下还一;

　　二归:见二无除作九二,无除起一下还二;

三归：见三无除作九三，无除起一下还三；

……………………………………………………

九归：见九无除作九九，无除起一下还九。

例如 22 908÷276，利用撞归起一口诀归除，演草如下：

列被除数‖＝Ⅲ○Ⅲ。见首位是‖而次二位＝Ⅲ小于 76，不够除，呼"见二无除作九二"，得 9≡Ⅲ○Ⅲ，余数首二位，≡Ⅲ还是小于"七九六十三"，不够除，呼"无除起一下还二"，得 8⊥Ⅲ○Ⅲ。除去"七八五十六"，再除"六八四十八"，得 80Ⅲ＝Ⅲ。见余数首位是Ⅲ，呼"逢八进四十"，得 840＝Ⅲ，余数＝Ⅲ小于 4×76，呼"无除起一下还二"，得 83‖＝Ⅲ，除去"三七二十一"，"三六十八"，除尽。得商 83。

有了撞归起一口诀以后，筹算的多位除法确实是简化了。唐、宋相传的"求一"、"减法"和杨辉"飞归"等捷法，只在解特殊问题时有用处，不须要多费工夫熟练它。本节所讲简化筹算乘、除法的发展过程，大约是从第八世纪到第十四世纪，有七百年的历史。

21　珠算术

　　中国古代人民用算筹演算,本来是相当合适的,后来,积累唐、宋两朝数学工作者的智慧,乘、除方法得到简化。乘法只要列出被乘数和乘数,把被乘数逐步改变成所求的积数;除法只要列出被除数和除数,把被除数逐步改变成所求的商数。

　　筹算乘、除法原来都要"三重张位"的,现在只在同一横行里演算,为后世的珠算术创造条件。十四世纪中的数学家编造了简单明了的归除歌诀,念出来毫不费力。乘、除演算时利用这些纯熟的口诀,便意识到手中的算筹运用起来不太灵便。在这个时期里,劳动人民根据他们的实际经验,创造珠算盘来减轻演算工作,是可以理解的。

　　最早的珠算术书没有流传下来,创造珠算盘的年代和地区都很难考证。程大位《算法统宗》卷十三"算法源流"条记录的数学书籍,大部分是宋朝的刻本。其中有"盘珠集"、"走盘集"两种,可能是珠算术书。但书已失传,它们的内容和著作年代就无法肯定下来。

　　元末陶宗仪《南村辍耕录》(1366 年)"井珠"条有"算盘珠""拨之则动"的比喻,可以证实在元朝末年珠算法已经在江、浙一带流行了。

　　明朝初年,中国珠算盘流传到日本。日本伊势的山田市现在还保存着一个珠算盘,盖板反面有"文安元子年"(1444 年)的标题。这个珠算盘左边有十四档,右边有十档,中间留一档地位的空格。每档横梁上二珠,横梁下五珠,算珠体扁圆形,和中国现在通行的相仿。算珠分左、右两组,可能是中国珠算盘的最初形式。左边放被乘数或被除数,右边放乘数或除数,作多位乘、除的计算比较方便。

在十四、十五世纪中,珠算术已在中国各地为大众所欢迎。但古代相传的筹算术还没有废掉,士大夫阶级所写的数学书仍停留在使用算筹的阶段。现在有传本的珠算术书以柯尚迁的《数学通轨》(1578 年)四卷为最早。程大位《新编直指算法统宗》十三卷,翻刻本最多,流传最广。《数学通轨》卷一有"初定算盘图式",画一个十三档的珠算盘。《算法统宗》也有一个十五档的算盘图式。

珠算盘发明后,一切筹算术的四则运算方法就转变为珠算术的四则运算方法。筹算术书不记录加减法的口诀,在珠算书中就添补上加法口诀(如"一上一"、"一下五除四"、"一退九进一十"、"二上二"、"二下五除三",等等)和减法口诀(如"一去一"、"一上四去五"、"一退十还九"、"二去二"、"二上三去五",等等)。多位乘法有破头乘、留头乘、隔位乘、掉尾乘等不同方式,而以留头乘法最为便利。多位除法利用撞归法和起一法,在珠算盘里演算更加简捷。

开平方和开立方也可以在珠算盘内演算,所有步骤和筹算术相同。只要把方法、廉法放在被开方数的右边,所得的商数放在被开方数的左边,把原来的四层或五层的数字左右并列做一层罢了。如果珠算盘档数不够多,用寻常珠算盘三四个接连起来,也可以解决问题。

筹算乘法,例如 87×96,除法,例如 8 352÷96,或 8 352÷87,在演算过程中,某一位数大于 9 而不便进入左边的时候须要多用表 5 的算筹来表示它。创造珠算盘的作者因此在横梁之上安上两颗算珠,横梁之下安上五颗算珠,每档算珠表示的数可以多到 15,一般的乘、除演算就没有困难了。日本珠算盘横梁上只放一颗算珠,实际乘、除时是有许多不便的。算珠的上二下五制另有一个作用是便于斤两的加、减法。《算法统宗》卷四有"一退十五成斤"、"二退十四成斤"等"积两成斤"的口诀。

22 数　码

　　古人演算用筹,不用纸笔,没有数码和表示空位的符号,也很方便。通用数目字如一、二、三、四、五、六、七、八、九、十、百、千、万等,笔画简单,极容易书写。而且无论用算筹记数或文字说明都遵从地位制,也没有用数码记数的要求。公元第七世纪中,印度天文学说传入中国,印度的地位制数码也跟着进来。在唐朝太史监服务的印度天文学家瞿昙悉达在他所编的《开元占经》(718 年)里,介绍过"天竺算字法样",包括印度的九个数码和表示空位的点"·"。这九个数码的写法和中国字书法体制不同,所以人民没有去理会它,很快就失传了。

　　北宋司马光(1019—1086 年)撰《潜虚》一卷,用

$$\text{｜ ｜｜ ｜｜｜ ｜｜｜｜ × 丅 丅丅 丅丅丅 丅丅丅丅 十}$$

作为记十以内数字的符号。除用古文的×字和隶书的十字外,其他都取算筹记单位数的象形。

　　现在有传本的唐以前的数学书,都没有演草时布置算筹的图式。后世数学进步,演草步骤比较繁复,著书的数学家要指导读者演算的途径,常常摹绘逐步算草用筹的形式。演算时碰到数字计算简单的,还可以从图上的筹式直接演草。纸上演算时,算草中的每一个不同的单位数字,加上一个表示空位的符号,就组成一套数码。

　　十三世纪四十年代,李冶在河北,秦九韶在浙江,二人各自著书,详草都

用数码,并且都用“〇”表示数字的空位。由此可知“〇”的采用和中国数码的创始一定在1240年以前。印度阿拉伯数码也用“0”表示空位。我国十三世纪中数码采用“〇”,会不会是外国传入的呢？据严敦杰同志考证：这个“〇”是宋朝天文学家创作的,不需要从外国传入。《唐书》《宋史》叙录各家历法,都用“空”字表示天文数据的空位。南宋蔡沈《律吕新书》记录“林钟律数”118 098作“丑林钟十一万八千□□九十八”,“南吕律数”104 976作“卯南吕十□万四千九百七十六”。《金史》记录的“大明历”法数据有“四百〇三”,“五百〇五”,“三百〇九”等例子。中国古代原有用□形表示文字中间空格的习惯。后来为了书写方便,将这个□形顺笔改作〇形。在数字中间的〇形便是一个表“零”的符号,这和印度阿拉伯数码的“0”是殊途同归的。

元李冶《测圆海镜》《益古衍段》、朱世杰《算学启蒙》《四元玉鉴》等书,演天元术详草所用数码,都取算筹记数的形式,仅添设一个“〇”表示空位。每一个数码也和筹算一样,有纵、横二式。但为了便于书写,横画和直竖是长短不齐的。

天元术数码：纵式　𝍠 𝍡 𝍢 𝍣 𝍤 𝍥 𝍦 𝍧 𝍨 〇
横式　𝍩 𝍪 𝍫 𝍬 𝍭 𝍮 𝍯 𝍰 𝍱 〇

天元式里常常有负数。在数字的个位数码上加一斜捺,就表示这个数是一个负数,例如𝍡̸表示“-2”,𝍥𝍰〇̸表示“-680”。

和李冶书同一时代,南宋秦九韶《数书九章》和杨辉的数学著作所用数码中,𝍣、𝍬改作×,𝍤、𝍭改作〇̄、δ,𝍧、𝍰改作ㄨ̄、ㄨ̩。其他都仿照筹算形式书写。

南宋数码：纵式　𝍠 𝍡 𝍢 × 〇̄ 𝍥 𝍦 𝍧 ㄨ̄ 〇
横式　𝍩 𝍪 𝍫 × δ 𝍮 𝍯 𝍰 ㄨ̩ 〇

南宋人的数码为了便于书写,便扬弃了北方数码完全象形的式样。×是原来古文的五字,现在借用作四的数码,大概取其有四面分歧的意义。〇̄、δ代表五加零,ㄨ̄、ㄨ̩代表五加四,写起来都比较简便。

元朝至元四年(1267年)西域天文学传入中国,明朝洪武十八年(1385年)又有阿拉伯人的土盘算法传入。在这个时期里,印度阿拉伯数码虽一再流传到中国,但都没有被采用。十五世纪中吴敬撰《九章算法比类大全》,介绍当时流行的"铺地锦"乘法。这个"铺地锦"无疑是由阿拉伯人传来的土盘算法中的一种乘法。但在吴敬书里,他用九个数目字来代替土盘数码。例如有一题:"今有丝三千六十九两八钱四分,每两钞二贯六百三文七分五厘。问总钞几何?""答曰:七千九百九十三贯九十五文九分。"算草用"铺地锦"乘法,先画方格和对角线如图80。横写被乘数于上方,纵写乘数于右方。呼"九九"数,填写逐位相乘的积数于相当的格子里。然后从右下角个位起,把斜行里的数码依次并合起来,所得的和数便是乘积。

共钞	三千		六十	九两	八钱	四分	两价
	六		一/二	一/八	一/六	八	二贯
七千	一/八		三/六	五/四	四/八	二/四	六百
九百							
九十	九		一/八	二/七	二/四	一/二	三文
三贯	二/一		四/二	六/三	五/六	二/八	七分
	一/五		三	四/五	四	二	五厘
	九十	五文	九分				

图 80

程大位《算法统宗》卷十三也有"铺地锦"乘法。但他和吴敬不同,是用南宋数码演草的。例题 435×5 678 = 2 469 930,演草如图81。《算法统宗》卷十三还有所谓"一笔锦"算法,加、减、乘、除都可用笔写的数码演草。所用的数码也是南宋传下来的一套。

图 81

　　明朝以后的南宋数码，表示一、二、三的数码兼取纵、横二式，其他数码都单用横式。中国人画圆圈，习惯上是从右上角起顺时针方向旋转一周，因而到清朝数码ㅇ由笔顺写成6形，数码乂也由笔顺写成攵形。现在的商家还在应用。

　　清代数码： Ⅰ 　Ⅱ 　Ⅲ 　 × 　 6 　⊥ 　⊥ 　≟ 　攵 　〇

　　十六世纪末，意大利天主教士利玛窦来到中国，宣扬西洋笔算方法，印度阿拉伯数码再一次传入中国。李之藻向他学习西洋算法，编译《同文算指前编》二卷，《通篇》八卷，于 1613 年出版。全书用九个数目字一、二、三、四、五、六、七、八、九和"〇"号来演算。十七世纪初年以后三百年中，所有翻译西文科学书籍和学习西洋算法的人都用这几个字作数码。

　　清朝末年，西洋人在中国沿海各地设立教会的中、小学校。他们自编数学课本，重点介绍他们自己应用的数码，此后印度阿拉伯数码渐渐在全国范围内通行起来。

23 开方作法本源图

我们在前面第九节里,讲到《九章算术》的开平方术和开立方术,也讲到刘徽"注"用几何图形解释这两个方法。根据刘徽的注解,古代数学家们不难体会到下列二恒等式

$$(x + a)^2 = x^2 + 2ax + a^2$$

$$(x + a)^3 = x^3 + 3ax^2 + 3a^2x + a^3$$

的代数意义,并且把它推广到 $x + a$ 的四次幂、五次幂等的展开式。北宋仁宗时代(1023—1063 年),贾宪发现了二项式高次幂(指数为正整数的)展开式的各项系数所遵循的规律,是可以理解的。

贾宪的履历我们知道的很少。根据王洙(997—1057 年)的《谈录》,知道他是当代天文学家楚衍的弟子,曾任右班殿值官职。根据《宋史·艺文志》,知道他写过一部《黄帝九章算法细草》。又根据杨辉《详解九章算法·纂类》所引,知道《黄帝九章算法细草》的"少广"章有"开方作法本源"图。贾宪的书早已失传。传本杨辉书也没有他所引的"开方作法本源"图。只在明朝《永乐大典》(1407 年)抄录的杨辉《详解(九章)算法》中,保存着这份宝贵的遗产(图82)。

图82

93

在这个图下边的注解,前面三句话说明:每一层里的数字表示 $(x + a)^n$ 展开式的各项系数。左边邪线上各个"一"字是"积" a^n 的系数,右边邪线上的各个"一"字是"隅" x^n 的系数,中间的许多数字是"廉法"(包括"方法"在内) $a^{n-r}x^r$ 各项的系数 $(0 < r < n)$。("邪"字原作"衺",《永乐大典》本误抄作"袤"。)后面二句话说明这些系数的作法和"增乘开方法"的关系,这一问题我们留待下一节讨论。

杨辉说,这个图"出释锁算书,贾宪用此术"。宋、元时代的数学家求数字高次方程正根的方法叫做"开方",又叫做"释锁"。大概在杨辉写书之前,已经有几种讨论开方术的数学书采用了这个"开方作法本源"图,而以贾宪《黄帝九章算法细草》为最早。因此,我们应该把这个有世界意义的重要发现归功于十一世纪中的贾宪。

在杨辉书之后,元朝朱世杰《四元玉鉴》卷一有"古法七乘方图"(图83)①。朱世杰写书在贾宪之后至少有二百五十年,所以叫它"古法"。明朝的数学书如吴敬《九章算法比类大全》、程大位《算法统宗》等都有和杨辉书所引形式相同的"开方作法本源"图。

十五世纪中,中亚细亚的阿尔卡希列出一个二项定理系数表,但他不用二等边三角形式对称的排列,而采用直角三角形的形式。

1527 年德人阿披纳斯(Petrus Apianus)出版一本实用算术书,在封面上印着一个二项定理系数表,形式和朱世杰的"古法七乘方图"差不多。此后,德人司梯斐尔(Stifels)(1544 年)、意人他他伊亚(Tartaglia)(1556 年)、法人巴斯噶(Pascal)(1654 年)等对于二项定理系数各有研究,列出

---

① 朱世杰的古法七乘方图比贾宪的开方作法本源图多列两层,并且添上了几根斜线。从这些斜线上,可以看出每个系数和在它上一层的系数存在着联系。例如第七层各数表示 $(x + a)^6$ 的展开式 $x^6 + 6ax^5 + 15a^2x^4 + 20a^3x^3 + 15a^4x^2 + 6a^5x + a^6$ 各项的系数。第二项系数 6 可以理解为上一层第一、二项系数之和,$1+5$;第三项系数 15 可以理解为上一层第二、三项系数之和,$5+10$,等等。又,第七层第二项系数 6 可以用左边第一斜线上的六个 1 相加得到;第三项系数 15 可以用第二斜线上的 1、2、3、4、5 相加得到;第四项系数 20 可以用第三斜线上的 1、3、6、10 相加得到,等等。如果 $(x + a)^n$ 的展开式用 $x^n + C_1^n ax^{n-1} + C_2^n a^2 x^{n-2} + \cdots + C_n^n a^n$ 来表示,那末,表示上面的两种联系的公式是 $C_r^n = C_{r-1}^{n-1} + C_r^{n-1}$ 和 $C_r^n = C_{r-1}^{r-1} + C_{r-1}^r + \cdots + C_{r-1}^{n-1}$。

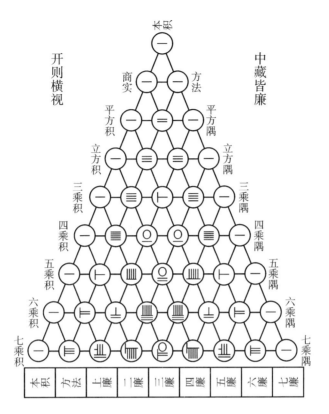

图 83

不同形式的表格。其中巴斯噶比较有名,因而有"巴斯噶三角形"的
名称。

24   增乘开方法

在十一世纪中，贾宪为《九章算术》写一部细草，在"少广"章内添写了开平方和开立方的新法。这种新法开方术很容易推广到数字高次方程正根的求法，为十三世纪中天元术的发展建立起良好的条件。贾宪《黄帝九章算法细草》现已失传，我们根据杨辉《详解九章算法》征引的材料，可以知道一些贾宪的伟大成就。他的开平方和开立方各有两种方法，一种叫"立成释锁法"，一种叫"增乘开方法"。分别叙述如下：

立成释锁开平方法用算筹布置"实"、"方"、"下法"三层，开立方法，布置"实"、"方"、"廉法"、"下法"四层，演算步骤大致和《九章算术》"少广"章术相同。"释锁"是宋朝数学家解方程的代用名词。古代天文学家为预推各项天文数据列出来的表格叫做"立成"。因此，贾宪所谓"立成释锁法"应该解释作：利用一种表格上的数字来解决一般的开方问题。我们以为"开方作法本源"图就是贾宪开方法的"立成"。开平方法和开立方法用到这图的第三层和第四层。如其推广到求四次、五次或六次幂的根时，就要用到这图的第五、第六或第七层了。

增乘开方法的运算规则，不论平方、立方以至任何高次幂的求根都可以通用。例如增乘开立方法的术文是：

"（1）实上商置第一位得数。（2）以上商乘下法入廉，乘廉入方，除实讫。（3）复以上商乘下法入廉，乘廉入方。（4）又乘下法入廉。（5）其方一，廉二，下三退。（6）再于第一位商数之次，复商第二位得数，以乘下法入廉,乘廉入方,除实讫。(7)以次商乘下法入廉,乘廉入方。(8)又乘下法入廉。(9)其方一、廉二,下三退,如前。(10)上商第三位得数,乘下法入廉,乘廉入方,命上商除实适尽,得立方一面之数。"

上面是立方根为三位数的整立方的增乘开方法则。术文中"实"、"方"、"廉"、"下法"和《九章算术》"少广"章刘徽"注"意义相同。"商"是商议所得的立方根的第一位、第二位或第三位数字。"入"是加入。逐步演算时须要随乘随加,所以叫做"增乘开方法"。现在还取第九节开立方的例子,求 1 860 867 的立方根,依照增乘开方法补草如下:

先用算筹布置"实"1 860 867,方空,廉空,下法(也叫隅)是 1 000 000,并议得"商"100 如图 84。此后,第 2、第 3、第 4、第 5……第 10 各步演算的筹式如图 85、图 86、图 87、图 88……图 93。

商	1
实	1860867
方	
廉	
隅	1

图 84

商	1
实	860867
方	1
廉	1
隅	1

图 85

商	1
实	860867
方	3
廉	2
隅	1

图 86

商	1
实	860867
方	3
廉	3
隅	1

图 87

商	1
实	860867
方	3
廉	3
隅	1

图 88

商	12
实	132867
方	364
廉	32
隅	1

图 89

商	12
实	132867
方	432
廉	34
隅	1

图 90

商	12
实	132867
方	432
廉	36
隅	1

图 91

商	12
实	132867
方	432
廉	36
隅	1

图 92

商	123
实	44289
方	363
廉	1
隅	

图 93

从实践中看出增乘开立方法要比"少广"章原术容易掌握,数字计算更为简捷,并且这种开方法可以应用到任何高次幂的求根。例如求六次幂的根,或求方程 $x^6 - k = 0$ 的正根,《永乐大典》本杨辉《详解(九章)算法》所引有"增乘方法求廉草"一段文字,我们可以用代数符号解释如下:

先议得根的第一位数字为 a,设 $x = a + x_1$,把方程 $x^6 - k = 0$ 变为 $(x_1 + a)^6 - k = 0$,或 $x_1^6 + 6ax_1^5 + 15a^2x_1^4 + 20a^3x_1^3 + 15a^4x_1^2 + 6a^5x_1 - k + a^6 = 0$,这个方程里从左到右各项的数字系数,可以在"开方作法本源图"的第七层内查出,用立成释锁法算出 $6a$、$15a^2$、$20a^3$、$15a^4$、$6a^5$ 作为求次商 x_1 的廉法和方法,但算草相当繁复,很费工夫。用增乘开方法演算,通过下列(1)、(2)、(3)、(4)、(5)、(6)各步,最后得到(7),这样就简便得多。

$-k$	$-k+a^6$	$-k+a^6$	$-k+a^6$	$-k+a^6$	$-k+a^6$	$-k+a^6$
	a^5	$6a^5$	$6a^5$	$6a^5$	$6a^5$	$6a^5$
	a^4	$5a^4$	$15a^4$	$15a^4$	$15a^4$	$15a^4$
	a^3	$4a^3$	$10a^3$	$20a^3$	$20a^3$	$20a^3$
	a^2	$3a^2$	$6a^2$	$10a^2$	$15a^2$	$15a^2$
	a	$2a$	$3a$	$4a$	$5a$	$6a$
1	1	1	1	1	1	1
(1)	(2)	(3)	(4)	(5)	(6)	(7)

在(2)内 a 的各次幂系数都是1,就是开方作法本源图的左边斜线上的各个"一"字。(3)内 a 的五次幂以下的系数,自下而上是1、2、3、4、5、6,和本源图左边第二斜行自上而下的数字相同。(4)内 a 的四次幂以下的系数1、3、6、10、15 和本源图内第三斜行的数字相同。(5)内的系数1、4、10、20,(6)内的系数1、5、15,(7)内的系数1、6,也各和本源图第四、第五、第六斜行的数字相同。经过这样对证之后,我们认为增乘开方法和开方作法本源图的确有密切的联系。在开方作法本源图内,$(x + a)^n$ 展开式的各项系数是可以由 $(x + a)^{n-1}$ 展开式中相邻两项的系数相加得出来的 $(C_{r-1}^{n-1} + C_r^{n-1} = $

C_r^n）。这种逐步相加得出 n 次幂展开式的系数的办法用到求 n 次幂的正根的方法中，就是增乘开方法。所以在开方作法本源图的下边有"以廉乘商方，命实而除之"两句话，那是说：以商乘廉入方；以商乘方，从实中减去。增乘开方法的要诀全在这里。

原来《九章算术》"少广"章的开平方术和开立方术，是可以利用来开带从平方和带从立方的。贾宪的增乘开方法当然也可以用来求任何高次方程的正根。有了增乘开方法之后，中山刘益撰《议古根源》，就用它解决数字高次方程问题。《议古根源》书已失传，时代不可详考。杨辉《田亩比类乘除捷法》援引《议古根源》书里二十一个问题的解法，其中有二次方程 $-x^2 + 312x = 6\,912$，和四次方程 $-x^4 + 52x^3 + 128x^2 = 4\,096$，都用增乘开方法求得正根。杨辉"自序"说：（刘益）"引用带从开方，正负损益之法，前古所未闻也"。大概刘益是第一个把贾宪的增乘开方法扩充到求任何高次方程的正根的。贾宪、刘益的增乘开方法是用算筹演草的。如果不用算筹改写数码，并且写成横式，那末，这个开方法和英国人和纳（Horner）的求数字方程正根的方法（1819 年）完全相同，而时代要早六百余年。

在秦九韶《数书九章》内，用增乘开方法解高次方程的例子很多。并且在卷五的第一题，列出方程

$$-x^4 + 763\,200x^2 - 40\,642\,560\,000 = 0$$

后，记录增乘开方法每一步演草的筹式。摘录如下：

（1）布置算筹，如图 94。"益隅"是指 x^4 的系数是负的，"从上廉"是指 x^2 的系数是正的，"实"常常是负数。

40642560000	实
0	虚方
763200	从上廉
0	虚下廉
1	益隅

图 94

	8	商
40642560000		实
	0	方
763200		从上廉
	0	下廉
1		益隅

图 95

99

（2）把上廉向左移四位,隔向左移八位,商得第一位8,放在实数百位的上边,如图95。

（3）以商8乘益隔得-800 000 000,置负下廉。以8乘负下廉,和原有的上廉相消,得1 232 000 000 为上廉。以8乘上廉得9 856 000 000 为方。以8乘方得正积78 848 000 000。以负实消正积,翻得正实38 205 440 000。如图96。

	8	商
3 8 2 0 5 4 4 0 0 0 0		正实
9 8 5 6 0 0 0 0		方
1 2 3 2 0 0		上廉
8 0 0		负下廉
1		益隔

图96

	8	商
3 8 2 0 5 4 4 0 0 0 0		正实
8 2 6 8 8 0 0 0 0		负方
1 1 5 6 8 0 0		负上廉
1 6 0 0		负下廉
1		益隔

图97

（4）以8乘益隔,并入下廉,得-1 600 000 000。以8乘下廉,和上廉原有的正数相消得-11 568 000 000 为负上廉。以8乘上廉和原有的方相消,得-82 688 000 000 为负方,如图97。

（5）以8乘益隔,并入下廉得-2 400 000 000。以8乘下廉,并入上廉得-30 768 000 000。如图98。

	8	商
3 8 2 0 5 4 4 0 0 0 0		正实
8 2 6 8 8 0 0 0 0		负方
3 0 7 6 8 0 0		负上廉
2 4 0 0		负下廉
1		益隔

图98

	8	商
3 8 2 0 5 4 4 0 0 0 0		正实
8 2 6 8 8 0 0 0 0		负方
3 0 7 6 8 0 0		负上廉
3 2 0 0		负下廉
1		益隔

图99

（6）以8乘益隔,并入下廉得-3 200 000 000,如图99。

（7）把方法向右移一位,上廉移二位,下廉移三位,隔移四位,如图100。以方法约实,续商得第二位4。

	84	商
3 8 2 0 5 4 4 0 0 0 0		正实
8 2 6 8 8 0 0 0 0		负方
3 0 7 6 8 0 0		负上廉
3 2 0 0		负下廉
1		益隅

图 100

	8 4 0	商
		实空
9 5 5 1 3 6 0 0 0		负方
3 2 0 6 4 0 0		负上廉
3 2 4 0		负下廉
1		益隅

图 101

（8）以次商 4 乘益隅，并入下廉得 -3 240 000。以 4 乘下廉，并入上廉得 -320 640 000。以 4 乘上廉，并入方得 -9 551 360 000。以 4 乘方，和正实相消，恰恰消尽。即得 840 为方程的一个正根。如图 101。

25 天元术

中国数学家在很早的时期,就知道怎样利用代数方法解决实际问题。从问题中的已知条件列出一个包含一个未知数的方程,求这个方程的正根,便得到所求的未知数。列方程的步骤叫做"造术",解方程的步骤叫做"开方"。一般地说,"开方"只是一件繁琐的计算工作,而"造术"是需要更高的技巧的。在十一世纪以后,增乘开方法减轻了"开方"的手续,十三世纪中天元术的发展又克服了"造术"的困难,中国的代数学于是具备了比较完整的体系。

在介绍天元术之前,让我们举例说明古代代数学的"造术"方法。第七世纪初,王孝通撰《缉古算术》,其中二十个问题的"造术"都需要高度技巧的。例如第十五题:

"假令有勾、股相乘幂七百六,五十分之一,弦多于勾三十六,十分之九。问三事各多少?"

用 a、b、c 来表示勾股形的勾、股、弦。这个问题是:已知 $ab = 706\frac{1}{50}$,$c - a = 36\frac{9}{10}$,求 a、b、c。王孝通解题的"术"是:"幂自乘,倍多数而一,为实。半多数为廉法,从。开立方除之,即勾。以弦多数加之即弦,以勾除幂即股。"这是说,列出三次方程

$$x^3 + \frac{c - a}{2}x^2 = \frac{(ab)^2}{2(c - a)}$$

或
$$x^3 + 18\frac{45}{100}x^2 = 6\,754\frac{258}{1\,000}$$

求它的正根，得 $x = 14\frac{7}{20}$，就是 a。那末 $c = 14\frac{7}{20} + 36\frac{9}{10} = 51\frac{1}{4}$，$b =$

$706\frac{1}{50} \div 14\frac{7}{20} = 49\frac{1}{5}$。

上面这个三次方程是怎样列出来的呢？根据他的"自注""勾、股相乘幂自乘即勾幂乘股幂之积。故以倍勾弦差而一得一勾与半差，再乘勾幂为实。故半差为廉，从。开立方除之"。用符号来表示，就是

$$(ab)^2 = a^2 b^2$$

$$\frac{a^2 b^2}{2(c-a)} = \frac{a^2(c^2 - a^2)}{2(c-a)} = a^2 \cdot \frac{c+a}{2} = a^2\left(a + \frac{c-a}{2}\right)$$

故
$$a^3 + \frac{c-a}{2}a^2 = \frac{(ab)^2}{2(c-a)}$$

作者先认定 a 为所求的未知数，利用勾股算术把 $\dfrac{b^2}{2(c-a)}$ 表示作 $a +$

$\dfrac{c-a}{2}$，然后列出解题的"开方"式子。这种思想过程本来相当复杂，又完全用文字说明，是不容易使一般读者体会的。在增乘开方法发明以后，数学家要克服"造术"的困难，终于找着立方程的窍门。有了天元术，中国数学才获得新的发展。

天元术的起源大概是十三世纪初年的前后。最初的著作都已失传，创作者的名字和年代不可详考。流传下来的书有李冶《测圆海镜》十二卷、《益古衍段》三卷、朱世杰《算学启蒙》三卷、《四元玉鉴》三卷等。下面根据李冶的书，简单地介绍天元术的内容。

立"天元一"为所求的未知数，和现在代数术中，设 x 为未知数的意义相同。依据问题中已给的数据立出一个天元开方式，也和现在代数术中列

方程的步骤大致相同,比花剌子模人的代数学要进步得多。从问题中的某些已给条件立出一个天元式(代数式),也就是这个天元的一个函数。又应用其他条件立出这个函数的另一表达式。把这两个表达式相减,就得到一个一端是0的方程。在天元术里,这叫做"同数相消"或"如积相消"。

凡天元表达式于一次项的旁边记一"元"字,常数项的旁边记一"太"字。《测圆海镜》书中,太项列在元项之下,元下必是太,太上必是元,故天元式旁记"元"字的就不再记"太"字,记"太"字的也不再记"元"字。元上一层为元的二次项,又上一层为三次项,每上一层即增一次。太下一层为元除常数,又下一层为元二次除常数,每下一层即以天元多除一次。所以太下各项表示有负指数的幂。天元式的各项系数是正的不需要正号,系数是负的要在数字的个位上加一捺。例如 (图) 表示 $x^2 -$

$3x + 2$, (图) 表示 $-x^2 + 8\,460 + 652\,320x^{-1} + 4\,665\,600x^{-2}$。

开方式就是一个天元式等于0的方程,但没有等于0的符号表示。

《九章算术》"少广"章开平方术须要"借一算"代表未知数的二次幂,开立方术须要"借一算"代表未知数的三次幂。现在"立天元一"代表未知数,这未知数任何次幂都有了表示方法,不但铺平了"造术"的道路,开方式的形象也更加明朗了。

两天元式的相加或相减,遵守《九章算术》"方程"章的正负术。两天元式相乘:先以甲式的某项遍乘乙式各项,再以甲式的他项遍乘乙式各项,随即加入前所已得的乘积,因而也叫做"增乘"。这里必须用到"同号相乘得正,异号相乘得负"的原则,但各书没有明白写出来。天元术没有分式的表示方法。凡天元式被天元除,只把旁记的"元"字(或"太"字)移上一层;被天元平方除,把所记的字移上二层。如果一天元式被另一天元式除而得不到整式的商,那末,把除式寄在旁边,只用被除式作为某函数和除式的相乘积。以除式乘这个函数的另一表达式,如积相消得开方式,是一个整式方程。

例如《测圆海镜》卷七第二题:

"假令有圆城一所,不知周径。或问丙出南门直行一百三十五步而立,甲出东门直行十六步见之。问径几何?"如图 102,C 为圆心,CD 为半径。甲在 B,丙在 A,AB 线切圆于 D 点。已知 $EA = 135$ 步,$FB = 16$ 步,求 CD。

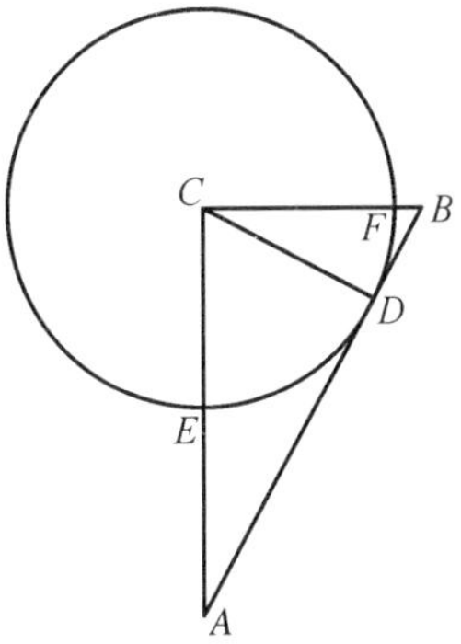

图 102

"法曰,二行相乘得数,又自之,为三乘方实。并二行步,以乘二行相乘数,又倍之为从。四段二行相乘数为第一廉。第二廉空。一益隅。益积开之得半径。"

设 $EA = a$,$FB = b$,则李冶这个方法所列的方程是

$$-x^4 + 4abx^2 + 2ab(a+b)x + (ab)^2 = 0$$

以 $a = 135$,$b = 16$ 代入得

$$-x^4 + 8\,640x^2 + 652\,320x + 4\,665\,600 = 0$$

求它的正根,得 $x = 120$ 步,即是城半径。

"草曰,立天元一为半城径,副置之,上加南行步,得 [元] 为股。下

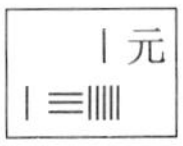

位加东行步,得 [元] 为勾。勾股相乘得 [元] 为直积一段。以天元

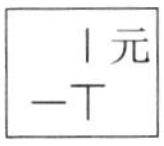

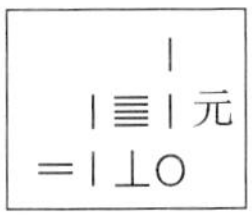

除之,得 [元] 为弦。以自之,得下 [元] 为弦幂,寄左。乃

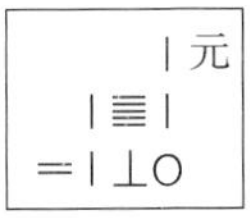

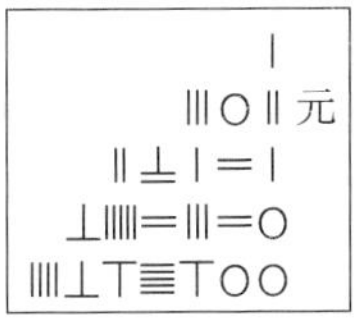

以勾自之,得 [元],又以股自之,得 [元],二位相并,得

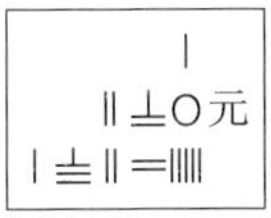

105

，为同数。与左相消，得 。益积开三乘方，得一百

二十步，即半城径也。"

　　用代数符号翻译如下：

　　设 x 为半径 CD，则 $x + 16$ 为勾 CB，$x + 135$ 为股 CA。

因　　　　　$AB \cdot CD = CB \cdot CA$，即 $cx = (x + 16)(x + 135)$

故　　　$c = \dfrac{(x + 16)(x + 135)}{x} = x + 151 + 2\,160x^{-1}$

$$c^2 = x^2 + 302x + 27\,121 + 652\,320x^{-1} + 4\,665\,600x^{-2}$$

但　　　　$c^2 = a^2 + b^2 = (x + 16)^2 + (x + 135)^2$

$$= 2x^2 + 302x + 18\,481$$

二式相等，相减得

$$-x^2 + 8\,640 + 652\,320x^{-1} + 4\,665\,600x^{-2} = 0$$

或　　　　$-x^4 + 8\,640x^2 + 652\,320x + 4\,665\,600 = 0$

求得正根 $x = 120$。

　　中国数学家在草创天元术的时期里，天元式的表达方式各家不同，有的把天元放在太数的上边，也有把天元放在太数的下边。李冶《测圆海镜》算草中用前者的方式，他于十一年后写《益古衍段》时，又改用后者的方式，把天元的诸乘幂顺次放在太数之下，和古代的开方式顺序相同。后来，郭守敬、朱世杰等都依照这个顺序表达天元开方式。

26 四元术

在公元第一世纪中，《九章算术》的方程术已能解决联立多元一次方程组问题。继承这个优越的传统思想，十三世纪中的代数学家掌握了天元术以后，便很快地把它扩充到多元高次方程组的解法。因未知数可以有四个之多，后人把扩充后的天元术叫做"四元术"。祖颐为朱世杰的《四元玉鉴》撰"后序"（1303 年），说：

"平阳蒋周撰《益古》，博陆李文一撰《照胆》，鹿泉石信道撰《钤经》，平水刘汝锴撰《如积释锁》，绛人元裕细草之，后人始知有天元也。平阳李德载因撰《两仪群英集臻》兼有地元，霍山邢先生颂不高弟刘大鉴润夫撰《乾坤括囊》，末仅有人元二问。吾友燕山朱汉卿先生（世杰）演数有年，探三才之赜，索《九章》之隐，按天、地、人、物立成四元。"依据祖颐"后序"，我们知道李德载用天、地二元造术，刘大鉴创始用天、地、人三元，朱世杰创始立天、地、人、物四元。天元术获得突飞猛进的发展，是十三世纪中山西、河北两地数学家的辉煌成就。可惜祖颐所举的书大都失传，只有朱世杰的《四元玉鉴》三卷现在还有传本，我们可以知道一些四元术的内容。

四元术用筹式表示多元整式或多元方程。在常数项的右旁记一"太"字。天元和天元的乘幂依次顺列于太项之下，地元和它的乘幂依次顺列于太项之左，人元和它的乘幂依次顺列于太项之右，物元和它的乘幂依次顺列于太项之上。天的 m 次幂和地的 n 次幂的乘积列在左下角太项之下第 m 列、之左第 n 行的方格里。天、人二元幂的乘积列在右下角的各相当格子里,人、物二元幂的乘积列在右上角,地、物二元幂的乘积列在左上角,如图 103。其他相乘积如天物、天地人等无可位置的,可以权宜处理,寄在合适的夹缝里。例如方程 $2x + 2y - u - 4 = 0$ 用筹式表

地²物	地物	物	人物	人²物
地²	地	太	人	人²
天地²	天地	天	天人	天人²
天²地²	天²地	天²	天²人	天²人²
天³地²	天³地	天³	天³人	天³人²

图 103

示作 $\begin{array}{c} \text{筹式} \end{array}$ 。方程 $-xy^2 + xyz - y - x - z = 0$ 用筹式表示作 $\begin{array}{c} \text{筹式} \end{array}$ 。这是一种多元高次方程的分离系数表示法。对于列方程步骤和逐步消元,演算过程都很便利。只是因它限于四元,如其有更多的元,便无法布置了。

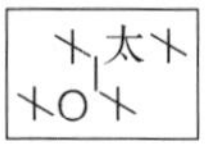

天元术解题,因只有一个未知数,故立出一个天元开方式。四元术是联立多元方程组解题,多立一元必须多立一个等式,等式的个数和元数常相等。解题时必须用消元法,使四元四式消去一元后变为三元三式,三元三式消去一元后变为二元二式,二元二式消去一元就得到一个只含一元的开方式。《四元玉鉴》有"假令四草",据四个例子说明列方程和消元的步骤。但文字过于简略,读者很难了解作者的原意。清罗士琳撰《四元玉鉴细草》(1838 年),李善兰撰《四元解》(1845 年),陈棠撰《四元消法易简草》(1899 年),各有注释。对于"假令四草"消元法的原则性,各家的注释是一致的。但在细节方面还有不同的见解,不容易得到结论。现在把"假令四草"中第三题的原术和它的解释叙述如下:

"今有股弦较除弦和和与直积等。只云,勾弦较除弦较和与勾同。问弦几何?""答曰五步。"

设以 a、b、c 代表勾、股、弦,则弦和和是弦 c 加勾股和 $a+b$ 的和 $a + b + c$,弦较和是弦 c 加勾股较 $b - a$ 的和 $-a + b + c$,直积是勾、股相乘积 ab。问题指示:已知

$$(a + b + c) \div (c - b) = ab \qquad (1)$$

$$(-a + b + c) \div (c - a) = a \tag{2}$$

$$a^2 + b^2 = c^2 \tag{3}$$

求弦 c。解联立三元方程组,得 $c = 5$。

"草曰,立天元一为勾,地元一为股,人元一为弦,三才相配求得今式

▢,求得云式 ▢,求得三元之式 ▢。"

设 x、y、z 代表 a、b、c,化 (1)、(2)、(3) 式为整式方程,

得"今式" $x + y + z - xy(z - y) = 0$

$$-xy^2 + xyz - y - x - z = 0 \tag{4}$$

得"云式" $-x + y + z - x(z - x) = 0$

$$-y - x^2 + x + xz - z = 0 \tag{5}$$

得"三元之式" $y^2 + x^2 - z^2 = 0 \tag{6}$

"以云式剔而消之,二式皆人易天位,前得 ▢,后得 ▢。"

现在要先消去 y(地元)。把 (5) 式分为二部得

$$y = -x^2 + x + xz - z \tag{5'}$$

把 (6) 式分为二部, $y^2 = z^2 - x^2 \tag{6'}$

以 (5')、(6') 的右边代入 (4) 式,得

$$-x(z^2 - x^2) + xz(-x^2 + x + xz - z)$$
$$-(-x^2 + x + xz - z) - x - z = 0$$

化简得 $x^3 + x^2 - 2x - x^3z + x^2z - xz + x^2z^2 - 2xz^2 = 0$

以 x 约之,得 $x^2 + x - 2 - x^2z + xz - z + xz^2 - 2z^2 = 0$

改写作 $(-z + 1)x^2 + (z^2 + z + 1)x + (-2z^2 - z - 2) = 0 \tag{7}$

又以(5′)的右边自乘,和(6′)相消,得

$$(-x^2 + x + xz - z)^2 - (z^2 - x^2) = 0$$

化简得 $\quad x^4 - 2x^3 + 2x^2 - 2x^3z + 4x^2z + x^2z^2 - 2xz^2 - 2xz = 0$

以 x 约之,并改写作

$$x^3 + (-2z - 2)x^2 + (z^2 + 4z + 2)x + (-2z^2 - 2z) = 0 \qquad (8)$$

以上(7)、(8)二式就是术文中的"前式"和"后式"。因为要消去 x 而得出只含 z 的开方式,所以把筹图顺时针向旋转 $90°$,使人元移到天元的地位。

"互隐通分相消,左得 [筹图],右得 [筹图] 。"

其次我们要消去 x,先消去它的高次项。以 $(-z + 1)$ 乘(8)式各项,以 x 乘(7)式各项,相减得

$$(z^2 - z - 3)x^2 + (-z^3 - z^2 + 3z + 4)x + 2z^3 - 2z = 0 \qquad (9)$$

再以 z 乘(7)式各项,和(9)式相加,得

$$-3x^2 + (4z + 4)x - z^2 - 4z = 0 \qquad (10)$$

以 $(-z + 1)$ 乘(10)式,以 3 乘(7)式相加,得

$$(-z^2 + 3z + 7)x + z^3 - 3z^2 - 7z - 6 = 0 \qquad (11)$$

以 $(-z^2 + 3z + 7)$ 乘(7)式,以 $(-z + 1)x$ 乘(11)式,相减得

$$(-2z^3 + 5z^2 + 11z + 13)x + 2z^4 - 5z^3 - 15z^2 - 13z - 14 = 0 \qquad (12)$$

(11)式就是术文中的"左式",(12)式就是"右式"。

"内二行得 [筹图],外二行得 [筹图],内外相消,四约之,得开方式 [筹图],

三乘方开之,得弦五步。合问。"

把上面所得"左"、"右"二式并列,内二行相乘是

$$(z^3 - 3z^2 - 7z - 6)(-2z^3 + 5z^2 + 11z + 13)$$

$$= -2z^6 + 11z^5 + 10z^4 - 43z^3 - 146z^2 - 157z - 78$$

外二行相乘是

$$(-z^2 + 3z + 7)(2z^4 - 5z^3 - 15z^2 - 13z - 14)$$

$$= -2z^6 + 11z^5 + 14z^4 - 67z^3 - 130z^2 - 133z - 98$$

相减得　　　　　$4z^4 - 24z^3 + 16z^2 + 24z - 20 = 0$

以 4 约之,得　　　$z^4 - 6z^3 + 4z^2 + 6z - 5 = 0$　　　　　(13)

这是最后的人元开方式。开得正根 $z = 5$, 合问。

27 等差级数·垛积术和招差术

古代数学家很早就注意到等差级数问题和等比级数问题。关于等差级数,《九章算术》"均输"章中提出三个例题,有比较深入的研究。列举如下:

1. "今有金箠长五尺,斩本一尺重四斤,斩末一尺重二斤。问次一尺各重几何?"

这一题,《九章算术》原来的解法走了弯路。依照刘徽"注"的解法是:第一尺(本)重四斤,第五尺(末)重二斤,相差的 2 斤是四个差数的总和。以 4 除 2 斤得相邻二尺重量的差 $\frac{1}{2}$ 斤。故中间三尺各重 $3\frac{1}{2}$ 斤、3 斤、$2\frac{1}{2}$ 斤。这是一个有首项、末项、项数求公差的问题。

2. "今有五人分五钱,令上二人所得与下三人等。问各得几何?"

这题的解法:先假定甲、乙、丙、丁、戊五人分得钱的比率(列衰)是 5:4:3:2:1,那末,甲、乙所得和丙、丁、戊所得的比是(5+4):(3+2+1)= 9:6。6 少于 9,相差 3。如果五人分钱的比率各加 3 而成 8:7:6:5:4,那末,8+7 恰等于 6+5+4。它们的和是 30。依照配分比例(衰分术)计算:甲得 $\frac{8}{30} \times 5 = 1\frac{1}{3}$ 钱,乙得 $\frac{7}{30} \times 5 = 1\frac{1}{6}$ 钱,丙得 $\frac{6}{30} \times 5 = 1$ 钱等等。

3. "今有竹九节,下三节容四升,上四节容三升。问中间二节欲均容各多少?"

这题的解法：以$\dfrac{4}{3}$升为下三节每节容量平均数，也就是下第二节所容的量。以$\dfrac{3}{4}$升为上四节每节容量的平均数。$9-\dfrac{3}{2}-\dfrac{4}{2}=5\dfrac{1}{2}$节。上下相离$5\dfrac{1}{2}$节，两节容量的差$\dfrac{4}{3}-\dfrac{3}{4}=\dfrac{7}{12}$升。以$5\dfrac{1}{2}$除$\dfrac{7}{12}$升，得相邻二节容量的差$\dfrac{7}{66}$升，这就是等差级数的公差。故下第一节容量是$\dfrac{4}{3}+\dfrac{7}{66}=1\dfrac{29}{66}$升，以次各节的容量是$1\dfrac{22}{66}$斤、$1\dfrac{15}{66}$斤、$1\dfrac{8}{66}$斤、$1\dfrac{1}{66}$斤、$\dfrac{60}{66}$斤、$\dfrac{53}{66}$斤、$\dfrac{46}{66}$斤、$\dfrac{39}{66}$斤。

第五世纪末，《张丘建算经》卷上有二个等差级数问题。一个是已知首项a、末项l、项数n，求总数S，他建立了公式

$$S=\frac{1}{2}(a+l)n$$

来计算。另一个是已知首项a、项数n、总数S，求公差d，他的公式是

$$d=\left(\frac{2S}{n}-2a\right)\div(n-1)$$

唐、宋二朝的天文学家大都假定日、月、五星在天空中的行动是等加速（或等减速）运动，每日经行的路程是等差级数。唐朝一行《大衍历》法计算行星在n日内共行分（弧度单位）数S，取用下列公式：

$$S=n\left(a+\frac{n-1}{2}d\right)$$

式内a为第一日所行分数，就是等差级数的首项。d为每日多行的分数，就是公差。在等减速运动时，d是个负数。

在已知S、a、d求日数n时，一行的算法是

$$n=\frac{1}{2}\left[\sqrt{\left(\frac{2a-d}{d}\right)^{2}+\frac{8S}{d}}-\frac{2a-d}{d}\right]$$

这显然是二次方程 $n^2 + \dfrac{2a-d}{d}n = \dfrac{2S}{d}$ 的正根。

宋沈括《梦溪笔谈》卷十八有隙积术,开始研究高阶等差级数的求和法。他说:"隙积者谓积之有隙者,如累棋、层坛及酒家积罂之类……缘有刻缺及虚隙之处,用刍童法求之,常失于数少。"设垛积的上底是 $a \times b$, 下底是 $a' \times b'$, 都列成长方形。高 h 层。$a' - a = b' - b = h - 1$。他创立一个正确的求和公式:

$$ab + (a+1)(b+1) + (a+2)(b+2) + \cdots + a'b'$$

$$= \left[(2a+a')b + (2a'+a)b' + a' - a\right] \dfrac{h}{6}$$

《九章算术》"商功"章原有刍童体积公式。刍童上底 $a \times b$ 方尺,下底 $a' \times b'$ 方尺,高 h 尺,它的体积是

$$V = \left[(2a+a')b + (2a'+a)b'\right] \dfrac{h}{6} \text{ 立方尺}$$

垛积的个数比刍童体积立方尺数多 $\dfrac{1}{6}(a'-a)h$。

杨辉《详解九章算法》提出几个垛积问题,比附在立体积问题的后面,他叫它们"比类"题。除了沈括的隙积公式外,他提出了

$$a^2 + (a+1)^2 + (a+2)^2 + \cdots + a'^2$$

$$= \left(a^2 + a'^2 + aa' + \dfrac{a'-a}{2}\right) \dfrac{a'-a+1}{3}$$

和 $$1^2 + 2^2 + 3^2 + \cdots + n^2 = \dfrac{1}{3}n(n+1)\left(n+\dfrac{1}{2}\right)$$

这二个公式实在是沈括公式的二个特例。我们要特别注意的是他还提出一个三角垛公式

$$1 + (1 + 2) + (1 + 2 + 3) + \cdots + (1 + 2 + 3 + \cdots + n)$$

$$= \frac{1}{6}n(n + 1)(n + 2)$$

或
$$\sum_{r=1}^{n} \frac{r(r + 1)}{2!} = \frac{n(n + 1)(n + 2)}{3!}$$

沈括、杨辉等提出的级数和等差级数不同,它们的逐项差数不是相等的,但逐项差数的差数是相等的。从这些高阶等差级数的研究中,十三世纪初年前后的数学家发明了招差术。元王恂、郭守敬等撰《授时历》法用招差术推算太阳按日经行度数和月球按日经行度数。朱世杰《四元玉鉴》卷中"如象招数"门也采用招差术解决高阶等差级数求和问题。例如第五题:

"今有官司依立方招兵,初(日)招方面三尺,次(日)招方面转多一尺……已招二万三千四百人……问招来几日?"

题目指示第一日招 $3^3 = 27$ 人,第二日招 $4^3 = 64$ 人,第三日招 $5^3 = 125$ 人,等等,问几日后共招到 23 400 人。依据他的"自注",知道他是用招差术立出解题的方程式的。先列表如下:

积数	S_0	S_1	S_2	S_3	S_4	S_5	S_6
上差	27	64	125	216	343	512	
二差		37	61	91	127	169	
三差			24	30	36	42	
下差				6	6	6	

表内　$S_0 = 0, S_1 = 27, S_2 = 27 + 64, S_3 = 27 + 64 + 125, \cdots$

上差:$S_1 - S_0 = 27, S_2 - S_1 = 64, S_3 - S_2 = 125, \cdots$

二差:$64 - 27 = 37, 125 - 64 = 61, 216 - 125 = 91, \cdots$

三差:$61 - 37 = 24, 91 - 61 = 30, 127 - 91 = 36, \cdots$

下差:$30 - 24 = 6, 36 - 30 = 6, 42 - 36 = 6, \cdots$

下差是常数,故是最后的差数。依招差术计算,到第 n 日招到的总人数是

$$S_n = 27n + 37\frac{n(n-1)}{2!}$$

$$+ 24\frac{n(n-1)(n-2)}{3!} + 6\frac{n(n-1)(n-2)(n-3)}{4!}$$

式内各项的系数 27、37、24、6 是表内上差、二差、三差、下差各行的第一个数字。朱世杰设 $m = n - 3$，已知 $S_n = 23\,400$，上式化为

$$27(m+3) + \frac{37}{2}(m+3)(m+2) + 4(m+3)(m+2)(m+1)$$

$$+ \frac{1}{4}(m+3)(m+2)(m+1)m = 23\,400$$

化简得 $\qquad m^4 + 22m^3 + 181m^2 + 660m - 92\,736 = 0$

用增乘开方法求得 $m = 12$，故 $n = 15$ 日。

在《四元玉鉴》卷中"荄草形段"门，朱世杰扩充了杨辉的三角垛求和公式，建立起属于

$$\sum_{r=1}^{n} \frac{r(r+1)(r+2)\cdots(r+p-1)}{p!} = \frac{n(n+1)(n+2)\cdots(n+p)}{(p+1)!}$$

类型的一系列的公式，作为研究一般高阶等差级数的基本公式。"果垛叠藏"门和"如象招数"门又提出属于下列类型的公式：

$$\sum_{r=1}^{n} \frac{r(r+1)\cdots(r+p-1)}{p!} \cdot (n-r+1) = \frac{n(n+1)\cdots(n+p+1)}{(p+2)!}$$

$$\sum_{r=1}^{n} \frac{r(r+1)\cdots(r+p-1)}{p!} \cdot r = \frac{n(n+1)\cdots(n+p)[(p+1)n+1]}{(p+2)!}$$

$$\sum_{r=1}^{n} \frac{r(r+1)\cdots(r+p-1)}{p!}[r+(r+1)+\cdots+n]$$

$$= \frac{n(n+1)\cdots(n+p+1)[(p+2)n+1]}{(p+3)!}$$

"如象招数"门结合招差术和上列类型的公式,解决了错综复杂的应用问题。

朱世杰开辟了丰富多彩的园地以后,四百年中很少发展。到十八世纪初年后,陈世仁(1676—1722 年)撰《少广补遗》一卷,董祐诚(1791—1823年)撰《堆垛求积术》一卷,李善兰(1811—1882 年)撰《垛积比类》四卷,在垛积术方面取得了更大的收获。

28 剩余定理和大衍求一术

《孙子算经》卷下有一个一次同余式问题：

"今有物不知数：三三数之剩二，五五数之剩三，七七数之剩二。问物几何？""答曰，二十三。""术曰，三三数之剩二，置一百四十；五五数之剩三，置六十三；七七数之剩二，置三十。并之得二百三十三。以二百十减之，即得。凡三三数之剩一则置七十，五五数之剩一则置二十一，七七数之剩一则置十五。一百六以上，以一百五减之，即得。"这个问题用整数论里的同余式符号[①]表达出来，是：

设 $N \equiv 2(\mathrm{mod}3) \equiv 3(\mathrm{mod}5) \equiv 2(\mathrm{mod}7)$，求最小的数 N。

按照术文的前半段，这问题的解是

$$N = 2 \times 70 + 3 \times 21 + 2 \times 15 - 2 \times 105 = 23$$

依据术文的后半段，下列一次同余式

$$N \equiv R_1(\mathrm{mod}3) \equiv R_2(\mathrm{mod}5) \equiv R_3(\mathrm{mod}7)$$

的解是

$$N \equiv 70R_1 + 21R_2 + 15R_3(\mathrm{mod}\ 105)$$

---

① $N \equiv M(\mathrm{mod}\ A)$ 表示整数 N 以整数 A 除得整数商后还有余数（余数可以是 0），和整数 M 以 A 除得整数商后的余数是相同的。因此 N、M 二数之差必能为 A 所整除，即 $N - M \equiv 0(\mathrm{mod}\ A)$。例如 $23 \equiv 2(\mathrm{mod}3)$，$23 - 2 = 21$ 能为 3 所整除。mod 是英文 modulus 的简写，读作"模"。$N \equiv M(\mathrm{mod}\ A)$ 读作"N 对于模 A 和 M 同余"。

以 3 除 N，右边第二、三两项都被除尽，只有第一项会有余数 R_1，故 $N \equiv R_1(\bmod 3)$。同样，以 5 除 N，只有第二项会有余数 R_2；以 7 除 N，只有第三项会有余数 R_3。故 $N \equiv R_2(\bmod 5) \equiv R_3(\bmod 7)$。这个问题颇有猜谜的趣味，解法也很巧妙。流传到后世，有"秦王暗点兵"、"剪管术"、"鬼谷算"、"韩信点兵"等名称，作为人民文娱活动中的一个游戏题目。

孙子的解法为什么要用 70、21、15 三数呢？这是因为

$$70 = 2 \times 5 \times 7 \equiv 1(\bmod 3)$$

$$21 = 3 \times 7 \equiv 1(\bmod 5)$$

$$15 = 3 \times 5 \equiv 1(\bmod 7)$$

70、21、15 三数各以 3、5、7 除，余数都是 1。因此，推广孙子"物不知数"问题的解法，我们可以有以下的定理：

设 A、B、C 是互质的正整数，R_1、R_2、R_3 各为小于 A、B、C 的正整数。$N \equiv R_1(\bmod A) \equiv R_2(\bmod B) \equiv R_3(\bmod C)$。如果我们找到三个整数 α、β、γ 满足下列同余式

$$\alpha BC \equiv 1(\bmod A)，\beta AC \equiv 1(\bmod B)，\gamma AB \equiv 1(\bmod C)$$

那末，$N \equiv R_1 \alpha BC + R_2 \beta AC + R_3 \gamma AB(\bmod ABC)$。

这个定理在西洋到欧拉（L. Euler，1707—1783 年）才得重新发现。所以现在西洋数学史家称它为"中国剩余定理"。

我们现在还不能考证明白《孙子算经》的著作年代。根据书里的一些资料，只能说它是一部第三、四世纪中的作品。中国古代天文学家假定远古时代有一个甲子日，那一年的冬至节和十一月的合朔都恰恰在这一日的子时初刻。有这么一天的年度叫做"上元"，从"上元"到本年经过的年数叫"上元积年"。在已经知道本年的冬至节时刻和十一月初一合朔时刻的条件下，推算"上元积年"是一个一次同余式问题。从第三世纪初年以后，各家历法为了编订历书的便利，都要用着符合这个历法的"上元积年"。大概从这个时代起，天文学家是知道怎样应用剩余定理的。我们认为《孙子

算经》里的"物不知数"问题不是作者向壁虚造的,而很可能是依据当代天文学家的实际算法写出来的。

从汉末到宋末一千余年中,虽然有很多的天文学家熟悉一次同余式的解法,但是在秦九韶写《数书九章》之前,没有人把它的理论基础给以应有的发展。秦九韶是南宋末年的一个四川人,他少年时,曾跟父亲到杭州(1224—1225 年),跟当时在太史局供职的天文学家学习,掌握了"上元积年"的计算方法。二十余年后,他写成他的杰作《数书九章》十八卷,第一、二卷详论一次同余式的解法。他说:"数理精微,不易窥识。穷年致志,感于梦寐。幸而得知,谨不敢隐。"我们现在只有通过秦九韶的著作,才能得知祖国的天文学家和数学家在整数论方面的伟大成就。

下面我们重点提出《数书九章》书中一次同余式解法的两个要点,并且附加证明。

1. 设 A 和 G 是两个互质的正整数,求整数 α 满足同余式

$$\alpha G \equiv 1 (\mathrm{mod}\ A) \tag{1}$$

《孙子算经》里没有说到计算 α 的一般法则。在秦九韶书中,这个 α 叫做"乘率",推算"乘率"的方法叫做"大衍求一术"。这个解一次同余式的求一术和前面第二〇节所讲乘、除捷法中的"求一术"是截然不同的。

如果 $G > A$, 设 $G = Aq_0 + G_1$, $G_1 < A$, 那末,同余式

$$\alpha G_1 \equiv 1 (\mathrm{mod}\ A) \tag{2}$$

是和(1)式同价的。

用 G_1、A 二数辗转相除,得到一连串的商数 q_1, q_2, $\cdots$, q_n, 到第 n 次的余数 $r_n = 1$ 为止,但 n 必须是一个偶数。如果 r_{n-1} 已经等于1,那末,以1除 r_{n-2} 得商 $q_n = r_{n-2} - 1$, 余数 r_n 还是等于1。和辗转相除同时,按照一定的规则,依次计算 k_1, k_2, $\cdots$, k_n。

$$A = G_1 q_1 + r_1 \qquad\qquad k_1 = q_1$$

$$G_1 = r_1 q_2 + r_2 \qquad\qquad k_2 = q_2 k_1 + 1$$

$$r_1 = r_2 q_3 + r_3 \qquad\qquad k_3 = q_3 k_2 + k_1 \qquad (3)$$

$$\cdots\cdots\cdots \qquad\qquad \cdots\cdots\cdots$$

$$r_{n-2} = r_{n-1} q_n + r_n, \ (r_n = 1) \quad k_n = q_n k_{n-1} + k_{n-2}$$

最后得到的 k_n 是所求的 α 的一个值。证明如下：

设 $l_2 = q_2$，$l_3 = q_3 l_2 + 1$，$l_4 = q_4 l_3 + l_2$，$\cdots$，$l_n = q_n l_{n-1} + l_{n-2}$。
从上面(3)式里，我们有

$$r_1 = A - q_1 G_1 = A - k_1 G_1$$

$$r_2 = G_1 - q_2 r_1 = G_1 - q_2 (A - k_1 G_1) = k_2 G_1 - l_2 A$$

$$r_3 = r_1 - q_3 r_2 = (A - k_1 G_1) - q_3 (k_2 G_1 - l_2 A) = l_3 A - k_3 G_1$$

$$\cdots\cdots\cdots\cdots\cdots\cdots\cdots\cdots\cdots\cdots\cdots$$

$$r_{n-1} = l_{n-1} A - k_{n-1} G_1$$

$$r_n = k_n G_1 - l_n A$$

或 $$k_n G_1 = r_n (\mod A)$$

当 $r_n = 1$ 时，$k_n \equiv \alpha$，我们有 $\alpha G_1 \equiv 1 (\mod A)$。

上述求 α 值的算法和现在代数学书中解一次不定方程 $G_1 x = Ay + 1$ 的方法差不多，只是 $\alpha = k_n$ 是从 q_1 起，顺次算到 q_n 止所得的 k_n，而 x 是从 q_n 算起，逆推到 q_1 止所得的结果。$x \equiv \alpha (\mod A)$ 是绝对正确的[①]。

---

① 例如解同余式 $67x \equiv 1 (\mod 96)$。以 67、96 二数辗转相除
$$96 = 67 \times 1 + 29, \ 67 = 29 \times 2 + 9, \ 29 = 9 \times 3 + 2, \ 9 = 2 \times 4 + 1$$
得 $q_1 = 1$，$q_2 = 2$，$q_3 = 3$，$q_4 = 4$。依照大衍求一术得 $k_1 = q_1 = 1$，$k_2 = q_2 k_1 + 1 = 2 \times 1 + 1 = 3$，$k_3 = q_3 k_2 + k_1 = 3 \times 3 + 1 = 10$，$k_4 = q_4 k_3 + k_2 = 4 \times 10 + 3 = 43$。故 $67 \times 43 \equiv 1 (\mod 96)$，$x \equiv 43 (\mod 96)$。在中学代数教科书里，解不定方程 $67x = 96y + 1$ 时，也用辗转相除法依次得出商数 1，2，3，4。由此计算 $c_1 = q_4 = 4$，$c_2 = q_3 c_1 + 1 = 3 \times 4 + 1 = 13$，$c_3 = q_2 c_2 + c_1 = 2 \times 13 + 4 = 30$，$c_4 = q_1 c_3 + c_2 = 1 \times 30 + 13 = 43$。也得 $x = 96p + 43$，p 为任意的整数。
k 的计算和 c 的计算顺序相反，而 $k_4 = c_4 = 43$，结果是相同的。

2. 在《数书九章》中，一次同余式

$$N \equiv R_1(\mathrm{mod}\ A) \equiv R_2(\mathrm{mod}\ B) \equiv R_3(\mathrm{mod}\ C) \qquad (4)$$

里的 A、B、C 三个整数不一定是互质数。如果

$$A = ad^p,\ B = bd^q,\ C = cd^r,\ q \leqslant p,\ r \leqslant p \qquad (5)$$

a、b、c、d 是互质的正整数，p、q、r 是正整数，只要 $R_1 - R_2$ 能被 d^q 除尽，$R_1 - R_3$ 能被 d^r 除尽，(4)式还是有解的。

依据条件(5)，A、B、C 三数的最小公倍数是 Abc。如果我们能找出三个乘率 α、β、γ 满足同余式

$$\alpha bc \equiv 1(\mathrm{mod}\ A)$$

$$\beta Ac \equiv 1(\mathrm{mod}\ b)$$

$$\gamma Ab \equiv 1(\mathrm{mod}\ c)$$

那末，
$$N \equiv R_1 \alpha bc + R_2 \beta Ac + R_3 \gamma Ab(\mathrm{mod}\ Abc) \qquad (6)$$

便是(4)式的解。证明如下：

$$N \equiv R_1(\mathrm{mod}\ A)$$

是很容易证实的。因为

$$N - R_2 \equiv R_1 \alpha bc + R_2(\beta Ac - 1) + R_3 \gamma Ab(\mathrm{mod}\ Abc)$$

$$\equiv 0(\mathrm{mod}\ b)$$

又　　$N - R_2 \equiv R_1(\alpha bc - 1) + R_1 - R_2 + R_2 \beta Ac + R_3 \gamma Ab(\mathrm{mod}\ Abc)$

$$\equiv 0(\mathrm{mod}\ d^q)$$

所以　　　　　　　　　$N - R_2 \equiv 0(\mathrm{mod}\ bd^q)$

或　　　　　　　　　　$N \equiv R_2(\mathrm{mod}\ B)$

同样可证　　　　　　　$N \equiv R_3(\mathrm{mod}\ C)$

秦九韶在他的著作中，加深了一次同余式解法的理论基础，并且扩大了它的应用范围。在《数书九章》问题中有多至八个联立一次同余式的

问题。

　　元、明两朝实行的《授时历》法不须要推算"上元积年"，一次同余式解法在天文工作者方面没有实际的需要，因而很少人注意到秦九韶的光辉成就。到十九世纪初年，中国数学家们重视宋、元时代的数学遗产，并且加以发扬光大。于是有张敦仁的《求一算术》（1803 年）、骆腾凤的《艺游录》（1815 年）、时曰醇的《求一术指》（1873 年）、黄宗宪的《求一术通解》（1874 年）等专门著作。《求一术通解》二卷是一部后来居上的作品，理论部分比秦九韶书讲得清楚，数字计算也比较简捷。

29　百鸡问题

第五世纪末,元魏的张丘建在他编写的《算经》里提出一个不定方程问题——世界数学史上有名的"百鸡问题"。

"今有鸡翁一,值钱五;鸡母一,值钱三;鸡雏三,值钱一。凡百钱买鸡百只。问鸡翁、母、雏各几何?""答曰,鸡翁四,母十八,雏七十八。又答,鸡翁八,母十一,雏八十一。又答,鸡翁十二,母四,雏八十四。""术曰,鸡翁每增四,鸡母每减七,鸡雏每益三,即得。"

这个问题包含三个未知数而只能列出两个方程,所以是不定方程问题。《张丘建》原有术文太简略,无法解决这个问题。设 x、y、z 为鸡翁、母、雏只数,依据题意列出下列二方程:

$$x + y + z = 100 \qquad (1)$$

$$5x + 3y + \frac{1}{3}z = 100 \qquad (2)$$

以 3 乘(2)式各项,减去(1)式各项,得

$$14x + 8y = 200$$

或 $$7x + 4y = 100 \qquad (3)$$

又 $$z = 100 - x - y \qquad (4)$$

因 x、y、z 都是小于 100 的正整数,我们可以用一次同余式原理,把

(3)式写成

$$7x \equiv 100(\bmod 4) \equiv 0(\bmod 4)$$

故　　　　　　　　　　　　　$x \equiv 0(\bmod 4)$

设　　　　　　　　　　　　　$x = 4t$

代入(3)式,得　　　　　　　　$y = 25 - 7t$

再代入(4)式,得　　　$z = 75 + 3t,$　　$t = 1,2,3$。

　　我们还可以作后面这样解释:在(3)式中,$4y$ 和 100 都是 4 的倍数,x 能被 4 整除是显而易见的。用 $x = 4, 8, 12$, 代入(3)、(4)两式,即得 $y = 18, 11, 4; z = 78, 81, 84$。因 y 不能是负数,故 x 不大于 12。《张丘建算经》中的三组答案,和增减答数的术文,很可能是这样得出来的。

　　第六世纪中,北周甄鸾在《数术记遗》中记录几个"不用算筹,宜以心计"的问题,其中二题是百鸡问题,系数和《张丘建算经》题略有不同。以代数方程表示出来是:

$$(1)\begin{cases}x + y + z = 100 \\ 5x + 4y + \dfrac{1}{4}z = 100\end{cases}\qquad 答\ x = 15,\ y = 1,\ z = 84。$$

$$(2)\begin{cases}x + y + z = 100 \\ 4x + 3y + \dfrac{1}{3}z = 100\end{cases}\qquad 答\ x = 8,\ y = 14,\ z = 78。$$

第二题应该有两组答案,甄鸾少列了 $x = 16, y = 3, z = 81$ 的一组。

　　杨辉《续古摘奇算法》引《辩古通源》(已失传)一题:"钱一百买温柑、绿橘、扁橘共一百枚。只云,温柑一枚七文,绿橘一枚三文,扁橘三枚一文。问各买几何?""答曰,温柑六枚,绿橘十枚,扁橘八十四枚。"这题的解应该有四组答案,杨辉书中只列一组是不完全的。

　　张丘建、甄鸾、杨辉等先后提出了"百鸡问题",明、清数学家还曾提出多于三元的"百鸡"类型的问题,但都没有给它一个一般的解法。到十九世纪,宋、元数学复兴以后,才有把这个类型的问题和求一术(一次同余式解法)结合起来的讨论。

30　中国古代数学的特征

　　中国古代数学的绝大部分是自己发展的。无论在算术、代数或几何部分都有它的特色。从古代数学史研究中,不难看到有很多方面的数学思想和数学方法发展得特别早,传播到国外,印度和阿拉伯数学的历史发展多少受到些它的影响。也有些数学思想和方法发展得很迟,直到十七世纪初年以后,西洋数学传入中国,才弥补了古代数学的不足。如果进一步研究古代数学的某些部分为什么发展得特别早,其他部分为什么比较迟,我们就必须深入讨论中国数学发展的特征,同国外的数学发展做好比较研究的工作,才可以得到一些结论。现在把几条主要的特征列举如下:

　　1. 自古以来记数法严格地遵从十进位制。口语或文字表示一个数字都遵从十进位制,简单明了,小学生学习起来不会有困难。而且单音节字发音简捷,乘法口诀(如"九九八十一"等)、归除口诀(如"三一三十一"等)、斤求两口诀(如"一退六二五"等)等都极容易熟练,应用起来非常方便。有些数字计算还可以心算算出准确的结果。这些是推动数学教育的有利条件。

　　2. 从十进位制的记数法出发,劳动人民很自然地逐渐改进度量衡制,促成度量衡单位十进位制的实现[17]和十进位小数法的引用[18](方括号内数字指本书的第几节)。

　　3. 自古以来用地位制记数。无论口语或文字表达一个数字都遵守地位制。例如说:"三万四千四百一十六","万"、"千"、"百"、"十"四个字表示十进位制的位次,三、四、四、一、六表示各位的数码。如果省略了万、千、百、十,单说"三四四一六"还是可以了解为三万四千四百一十六的。因此,不论古代用算筹记数,或近代用算珠记数,都利用了地位制。日常生活中需要的数字计算,古代用筹算,近代用珠算,加、减、乘、除都很便利[2][21]。

4. 分数算法很早就有完整的体系。用算筹演算除法,除不尽时便以余数为分子,除数为分母,组织一个分数。这样就明确规定了分子在上、分母在下的分数记法。因此,分数的加、减、乘、除法得到发展。最大公因数和最小公倍数也得到应用[3]。算术中各种"应用问题",包括各种比例问题在内,都有了合理的解法[4]。

在中国古代数学中,地位制记数法不但利用于记一个数字的各位数码,并且利用来表示一个算式中的各项数字,也就是现在代数学中的分离系数法。下列5、6、7、8、9五条说明地位制在代数学发展中所起的作用。

5. 开方式用分离系数法表达。《九章算术》"少广"章开平方术中"借一算"表示未知数的平方幂,开立方术中"借一算"表示未知数的立方幂,就有用分离系数法表示开方式的意义。在开方过程中,减根后的二次或三次方程,都利用数字的地位制表达出来[9]。因此,带从的平方和带从的立方都有了直接的开法[10]。十一世纪以后的增乘开方法更推广到求数字高次方程的正根[24]。这些都是开方式的合理化表达法引起的辉煌成就。

6. 分离系数法还利用来表达包含几个不同未知数的方程。《九章算术》"方程"章解联立一次方程组问题,每一个多元方程都用分离系数法表达。消元时也用分离系数法计算[6]。十三世纪中,数学家能解联立二元、三元或四元的高次方程组,所有算式也都用分离系数法表达[26]。

7. 最早认识负数的存在。《九章算术》"方程"章方程中,未知数的系数有负数的,也有常数项是负数的。例如第八题中有一个方程用代数符号表达出来是

$$-5x + 6y + 8z = -600$$

左边第一项和右边的常数项用黑色的筹(或斜列的筹)表示。它们是负数，不同于其他的两个正数，也是在分离系数法中指示出来。消元时必须分别消去项系数的正、负而用加法或减法，因而建立了正、负数加、减法则[7]。后来，数字高次方程用分离系数表达，各项系数有正有负，用增乘开方法演算也没有困难[24]。

8. 十一世纪中发现"开方作法本源"图(指数为正整数的二项定理系数表)[23]，并且研究了它的构造原则，因而发明增乘开方法[24]。十三世纪中的招差术和垛积术也可能利用了这些构成二项定理系数的公式[27]。开方作法本源图也是分离系数法的重要表现。

9. 十三世纪中发明天元术和四元术[25][26]。天元术和四元术也是利用分离系数法的伟大成就。花刺子模人谟哈默特在第九世纪初年写了一部代数书，十二世纪中译成拉丁文，引起欧洲代数学的新发展。西洋数学史家怀疑中国的天元术也受到伊斯兰数学的影响。实际上，花刺子模人的代数学是用文字推论，而中国的天元术是用算筹或数码演算的；代数学方程的两端不许有负数项，而天元术开方式各项有正有负；代数学只能解一次或二次方程，而天元术能解任何高次方程。总之，天元术的发展有它的历史根源，同花刺子模人的代数学体系截然不同，不可混为一谈。

10. 汉朝的数学家用盈不足术解决算术难题。后来，这种算法不被重视。但盈不足术传到阿拉伯和欧洲后，却有它的光荣历史[5]。

11.《孙子算经》"物不知数"问题、《张丘建算经》"百鸡问题"和秦九韶的"大衍求一术"都是世界数学史上的先进成就[28][29]。

12. 面积的计算起源于田地的量法。《九章算术》"方田"章以长、阔相乘得长方形的面积作为一个公理。三角形、梯形等都用"以盈补虚"法补成长方形而后求其面积[8]。有关线段的几何定理也用面积图形来证明。例如《九章算术》"少广"章的开平方术[9]、"勾股"章的勾股容圆术[14]等等。

13. 体积的计算起源于工程建筑。《九章算术》"商功"章以长、阔、高连乘得长方柱体的体积作为一个公理。把长方柱体分解为二堑堵，又分解堑堵为一阳马、一鳖臑。容易证明堑堵体积为长方柱体体积的二分之一,阳马体积为长方柱体的三分之一,鳖臑体积为长方柱体的六分之一。古代数学家以长方柱体、堑堵、阳马、鳖臑为基本立体。一般的直线形的立体都可以用这些基本立体拼凑起来,它的体积就是所含基本立体体积的和。体积公式的简化是需要一些代数技能的,代数学的发展引起了应起的作用[8]。

14. 勾股测量。古人于平地上竖立标竿测量太阳的影子。标竿的高(股)和影子的长(勾)常成正比例。推广这种从经验中得来的知识,便有古代的勾股测量法[11]。再进一步的发展便有重差术的成就[12]。

15. 勾股弦定理。中国在什么时代发现勾股弦定理,现在很难考证明白。第一世纪中已经有有关勾、股、弦和勾股形面积的许多定理。第三世纪初,赵爽"勾股圆方图注"用面积图形证明这些定理的正确性。中国古代的"勾股术"是建立在几何图形的基础上的。但勾股术后来的发展是代数学的一个重要部分,不再为几何图形所局限[13][14]。

16. 关于圆周率。刘徽体验到圆内接正多边形的边数愈多,它的面积愈接近于圆面积,创立了一个符合"极限存在准则"的不等式,$S_{2n} < S < S_{2n} + (S_{2n} - S_n)$,式内 S 为圆面积,S_n、S_{2n} 为圆内接正 n、$2n$ 边形的面积。他计算圆内接正 3 072 边形面积,得到单位圆面积近似值 3.141 6,准确到第四位小数。祖冲之又更精密地推算,得到 3.141 592 6<π<3.141 592 7 的结果。这都是有世界意义的光辉成就[15]。

17. 关于圆锥和球的体积。刘徽在解释《九章算术》"商功"章圆亭术时,说:"从方亭(方锥台)求圆亭(圆锥台)之积,亦犹方幂中求圆幂。"这样说明圆亭体积是外切方亭体积的 $\dfrac{\pi}{4}$,圆锥体积是外切方锥体积的 $\dfrac{\pi}{4}$。他又在"少广"章开立圆术注中根据同样的原则说:"合盖者,方率也。丸(球)居其中,圆率也。"球体积是外切牟合方盖体积的 $\dfrac{\pi}{4}$。后来,祖冲之发现牟合方盖的水平剖面面积等于立方体内挖去两个正方锥体的水平剖面面积,因而得出牟合方盖体积是 $D^3 - 2 \times \dfrac{1}{3}D^2 \times \dfrac{D}{2} = \dfrac{2}{3}D^3$,所以球体积是

$\dfrac{\pi}{4} \times \dfrac{2}{3}D^3 = \dfrac{\pi}{6}D^3$[16]。

附录一 钱宝琮的数学史教学与写作

钱永红

钱宝琮(摄于杭州,1954 年)

钱宝琮(1892—1974),字琢如,浙江嘉兴人,中国数学教育家、中国数学史学科及中国天文学史学科的开创者、奠基人。1911 年,钱宝琮毕业于英国伯明翰大学土木工程专业,旋即回国,投身于中国高等数学教育事业,先后执教于苏州工业专门学校、南开大学、中央大学、浙江大学等学校,是数学教育界的老前辈;同时,潜心钻研科学史,特别是数学史、天文学史,腹载五车,著作颇丰,名垂青史。1957 年,成为中国科学院中国自然科学史研究室一级研究员。他是中国自然科学史研究委员会委员(1954 年)、《科学史集刊》主编(1958—1966 年)、国际科学史研究院(巴黎)通讯院士(1966 年)。

以整理中国数学史为己任

1912 年初,钱宝琮学成归国,原本想当工程师为国效力,然机会屡失,未能如愿。是年之秋,任教江苏省立第二工业学校(后改组为苏州工业专门学校),最初教授土木工程课程,不久就改教高等数学。他从苏州旧书肆偶得中国古算书数种,知晓中国古代有过具有世界意义的数学发展,决定以整理中国数学史为己任。

他晚年追忆说:"对于胡适的《中国哲学史》倒有启发。我是一个土木工程系学生,对于胡适的中国古代哲学不能评论它讲的对不对,但认为哲学思想的发展是历史性的,用历史资料说明诸子百家的哲学的发生和发展是对的。我在英国读书时曾读过一本数学史(没有中国的传统数学),觉得它是一门值得进一步研究的学科。我读了《哲学史》以后,立志要研究中国古代数学的发展史,开始搜集中国数学书籍和有关数学的史料,并向国文老师请教,学习中国文字学,增长阅读古书的能力,开始试作中国数学史的短篇论文。"①

初心已定,钱宝琮一有空闲,就扎进古书堆里,考据、研读中国古代数学、天文、物理典籍,用现代的数学符号和语言,阐述古代学者的科学理论、方法和贡献。1918 年,他始读《畴人传》,了解从黄帝时期至清乾隆末年的天文、历法、算学家 300 多人的事业与贡献。认为"象数学专门,不绝仅如线。千古几传人,光芒星斗灿"②。

1930 年 6 月,钱宝琮第一部数学史专著《古算考源》由中华学艺社出版,商务印书馆发行。1932 年,《中国算学史》(上卷)以北平国立中央研究院历史语言研究所学术专著丛刊单刊甲种之六出版,商务印书馆发行。1957 年,《中国数学史话》由中国青年出版社出版。1963 年,《算经十书》(校点)由中华书局出版。1964 年,钱宝琮主编的《中国数学史》由科学出版社出版。

钱宝琮比较幸运,在 1920 年代,就有了一位志同道合的同志和学术知音——李俨(1892—1963),字乐知。他与钱同岁,是陇海铁路局的工程师,一边修建铁路,一边钻研古算书籍。他俩真是不谋而合,时常互赠数学史论著,书信交流研究心得。他们筚路蓝缕,一个偏重数学史资料的整理,一个偏重数学史实和源流的考证与分析③,"在废墟上发掘残卷,并将传统内

---

① 钱宝琮.1949 年以前的我的简单履历(手稿 22 页,笔者从孔夫子旧书网购得),第 6 - 7 页.
② 钱宝琮.钱宝琮诗词.浙江大学校友总会,1992: 66.
③ 梅荣照.怀念钱宝琮先生——纪念钱宝琮先生诞辰 90 周年.科学史集刊(第 11 期),1984.

容详作评价"①,成为现代中国数学史研究的先驱,学界也有了"南钱北李"的美誉。华罗庚在《钱宝琮科学史论文选集》序言中指出:"我们今天得以弄清中国古代数学发展的面貌,主要是依靠李俨先生与钱宝琮先生的著作。"②

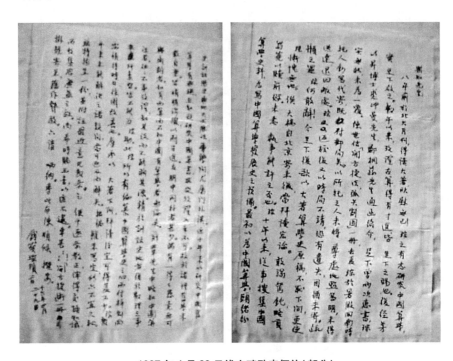

1927 年 4 月 29 日钱宝琮致李俨信(部分)

将数学史教育引入课堂

钱宝琮古算考源的同时,也重视将数学史教育引入现代学堂。他于1923 年夏,接受浙江省立第一师范学校校长何炳松之邀,去杭州为浙江暑

---

① 吴文俊.纪念李俨钱宝琮诞辰 100 周年国际学术讨论会贺词.《李俨钱宝琮科学史全集》(代序),1998.

② 华罗庚.《钱宝琮科学史论文选集》序.钱宝琮科学史论文选集.北京:科学出版社,1983.

期学校开办《中国数学史》讲座,历时两周。当时浙江省教育厅在暑假期间开办进修学校,聘请专业人士授课,以提高中小学教师教学素养,很受欢迎。钱宝琮的数学课程分为中国算术历史概要、西洋算术历史概要和应用数学三个方面,每日上午七至八时[①],使进修学生大开眼界[②]。

　　1925 年秋,经姜立夫介绍,钱宝琮北上天津,担任南开大学算学系教授,教授方程解法、最小二乘法、整数论、微积分等高等数学,同时开设数学史课程,油印出版《中国算学史》讲义,讲述"中国自上古至清末各期算学之发展,及其与印度亚拉伯及欧洲算学之关系"[③],深受欢迎。学生吴大任回忆说:"钱琢如先生担任算学史,来校已历二年,师生相得甚欢。"[④]陈省身晚年函告笔者:"钱琢如先生专治中国数学史,在这方面很有创见。在南开任教期间,他就自编《中国算学史讲义》,率先在国内大学开设数学史课,发表不少的专著,向世人介绍、宣传祖国古代数学、天文史学等方面伟大成就,激发国人的爱国热忱,告诫后人不要数典忘祖。"[⑤]

　　我们可以从钱宝琮1927年4月29日写给李俨的信中了解他在南开大学的数学史教学与写作:

　　　　尝读东、西洋学者所述中国算学史料,遗漏太多,于世界算学之源流,往往数典忘祖。吾侪若不急起撰述,何以纠正其误! 以是琮于甲子年在苏州时,即从事于编纂中国算学全史……乙丑秋来此间教读。理科学生有愿选读中国算学史者,琮即将旧稿略为整理,络续付油印本为讲义。每星期授一小时,本拟一年授毕全史。后以授课时间太少,不克授毕。故讲义只撰至明末,凡十八章,印就者只十六章,余两章虽已写成,而未及付印。第十七章述《宋元明算学与西域算学之关

---

① 浙江暑期学校近讯.时事新报,1923 年 7 月 27 日.
② 房鑫亮.忠信笃敬——何炳松传.杭州:浙江人民出版社,2006:63.
③ 天津南开大学一览.天津:南开大学出版社,1926:90.原件藏于南开大学档案馆.
④ 吴大任.理科学会周年纪念册.天津:南开大学出版社,天津;1928:32.
⑤ 陈省身.一代学人钱宝琮序言.一代学人钱宝琮.杭州:浙江大学出版社,2008:1.

系》，其细目为两宋时印度算学之采用、波斯、亚拉伯算学略史、元明时代西域人历算学、金元算学未受亚拉伯算学之影响等。第十八章为《元明算学》。其细目为赵友钦与瞻思、珠算之发展、数码之沿革、明代历算学、写算术等。至于自明末以后之算学史，则拟分写：第十九章《明清之际西算之传入》，第二十章《中算之复兴》，第二十一章《杜德美割圆九术》，第二十二章《项名达与戴煦》，第二十三章《李善兰》，第二十四章《白芙堂丛书》，第二十五章《光绪朝算学》。现正搜集史料，暇当从事编辑也。①

　　钱宝琮认为，中国古代数学史是世界数学史的一部分，它除传入朝鲜、日本等国并促进当地数学的发展外，更重要的是通过印度和阿拉伯传入欧洲，对世界数学的发展做出了贡献。1925 年 12 月 15 日出版的《南中旬刊》刊登了钱宝琮在南开中学丙寅班数理化学会作《印度算学与中国算学之关系》演讲记录稿，并附有旬刊编辑的按语："钱先生为二十年前英国留学生，专门研究算学一科。而对于中国算学，及其历史，尤有心得……今秋本大学礼聘来津，而本会遂得有如此价值之演讲，何等荣幸！"钱宝琮的演讲以史料为依据，告诉学生印度数学是受到了中国数学影响。中国和印度借助佛教的传播，两国间必有数学的交流。他指出不能"漠视中国算学与印度算学之关系"，也不能对于中国算学"过事夸大，易启疑窦"②。

　　1928 年秋，钱宝琮受邀组建第三中山大学（国立浙江大学前身）文理学院数学系，成为浙大首任数学系主任。除教授理工科学生微积分、微分方程式、最小平方法等课程之外，钱宝琮从 1930 年代起，开设中国及世界数学史选修课程。自编的《算学史讲义》③内含：各民族算学知识之远源、公元前 300 年以前之希腊学派、亚历山大书院（公元前 300—公元 500 年）、

　　① 1927 年 4 月 29 日钱宝琮致李俨信，原件藏于中国科学院自然科学史研究所图书馆.
　　② 钱宝琮.印度算学与中国算学之关系.南开周刊,1925,1(16)：4.
　　③ 钱宝琮.算学史讲义(作于 1930 年代).一代学人钱宝琮.杭州：浙江大学出版社,2008：22 -
55.油印原稿现存浙江省图书馆古籍部.

中国(自秦至五代末)、印度(公元 500—1200 年)、大食、中古欧洲(公元
476—1450 年)、中国(自宋初至明万历)、欧洲文艺复兴时代,共计九个章
节,将东西方的古代数学史融汇其中。

钱宝琮 1930 年度在浙江大学编写的《算学史讲义》

1936 年毕业于浙江大学生物系的吴静安,曾于 1935 年选修钱宝琮的
数学史课程。他的听课笔记详细记录了老师首课的开场白:

> 东方之文化或云自己发展,不同于世界,故中国之数学亦为独立而
> 流传至西方;或云与西洋接触后由西方传入。然此二说皆不合,或过重
> 视中国文化或太轻视中国文化。文化史亦应述及科学之知识,然常人已
> 明通俗之术,未览专门之作,故中国文化史不能完备。取中国之书籍与
> 西洋之算学加以比较,观其解法有无雷同因袭之处,是否西洋抄自中国,
> 抑中国抄自西洋。是时交通何如? 能否接触? 即不然亦可云受其影
> 响……本学程专注重中国数学史及在世界数学史上之地位,亦稍涉及西
> 洋数史以资比较。关于应用一方面,讲数学史有许多目的:第一,文化

史之发展及环境,不必近世已可得其兴趣。且浅近之数史亦较有趣,且有些问题,如用几何方法作三等分角,二倍积及化圆为方,现已证明此等问题为不可能,以免学者再入此途。对教育之意义由小学至中学课程是否如此排列,何种学说排列于前,何种在后,此须根据儿童心理及科学发展之先后,先发见之知识可先授,后世所发明者不妨暂缓。故据历史之先后以教授与据教育心理往往不谋而合。故可作教育之莫大帮助。西洋部分述至微积,中史则由战国至清,皆为浅近之数学。①

刘操南于1937年考入浙江大学文学院史地系。第二学年,他选修了钱宝琮的微积分课程,对老师的第一堂数学课记忆深刻:

钱师上第一堂课,衣稠长衫,来至宜山东门外标营茅舍某教室座前,风度翩翩,口说板书,措辞谐婉,饶有意趣,引人入胜。他开宗明义,阐述文科同学为何要读理科课程,且为算学,说明三点涵义。

一为:中国为世界四大文明古国之一,学术源远流长,博大精深。六艺九数、九流十家为学应有次第,然而各有其长,各有所见。理当兼收并蓄……"一尺之捶,日取其半,万世不竭",这个命题就是蕴涵着微积分的思想萌芽,应予继承与发展。读书须由博返约。文科同学就阅读与整理古籍言之,于理科知识,岂能茫然。

二为:开物成务,富国利民,治学必需联系实际。知其一,并知其二,横向联系,融会贯通。钱师举法院审决汽车翻车例示言之。公路建筑工程坡度、弯度自有规格,倘不合式,翻车责任不在驾驶而在工程师之设计。法律看似文事,然审判员亦当需有理科知识。

三为:读书明理,需要文化修养,经受逻辑思维锻炼。古人称通天地人者谓儒。儒者论学,首重格物致知。致其知,务在明其理。物

① 吴静安.《数学史》听课笔记节选.一代学人钱宝琮.杭州:浙江大学出版社,2008:479.

理渺然,人智昏顽。如何为学,如何任事? 钱师因举徐光启《几何原本杂论》首条之义,为之阐发。

……

　　钱师这一堂课,给人印象深刻,不仅引导学生重视微积分之教学,实为提示治学门径,倘能虚心体会,真的终生受用。[①]

1948 年毕业于浙江大学数学系的谷超豪有如下回忆:

　　1946 年下半年,浙大总校从贵州迁回杭州,我是在那时见到钱宝琮老师的。到了第二年,钱先生为我们开设了中国数学史的课程,我才有进一步向他学习的机会。当时,我对中国古代数学史是一无所知的,因为从小学到大学,所学的数学内容都是西方的,完全不知道中国古代数学家在数学方面的贡献,钱先生的课使我知道了中国古代已经在数学上有很高的成就。我印象最深的是中国古代解线性方程组方法很妙,把算筹排成一个方阵,依一定的规则来操作它们,最后得出了解答,这实际上就是高斯消去法,而且有了矩阵的表示形式,比西方要早很多。更妙的是,钱先生告诉我们,方程中的减法项其系数用红色的筹表示,这表明我国古代早已有了负数的概念和独特的标记。钱先生课程中最吸引人的地方还有祖冲之父子的求球体积的方法,从此便出现了"幂势既同,积不容异"的重要原理。[②]

参与中学数学教育活动

钱宝琮多次担任杭州市中学教员暑假讲习会讲师,参加中学数学教学

[①]　刘操南.读《草〈戴震算学天文著述考〉毕系以二章——纪念钱师琮如算学教学之一片断》.中国科技史料.1997(18)2：44-45.

[②]　谷超豪.回忆钱宝琮老师.一代学人钱宝琮.杭州：浙江大学出版社,2008：321.

法讨论会,还在媒体、报刊上讨论中学数学教育。1937 年 4 月 15 日,他为浙江大学与浙江广播电台合办的学术广播演讲《数学在中学教育上之地位》。他认为,"数学为一切科学之基础,其训练思想尤关重要。"①

抗日西迁期间,教育部为使中等学校教员利用暑假期间进修起见,于川滇黔陕甘湘等省,举办暑期中学校各科教员讲习讨论会,钱宝琮受浙江大学的指派,不辞辛劳地前往贵阳花溪(1939 年夏)、贵阳西郊罗汉营(1940 年夏)和湖南衡山市(1941 年夏)参加中等学校数学教员讲习讨论会,讲授数学史和中学数学教学法,时间均为两星期。1941 年 9 月到 1942 年 1 月,钱宝琮专为浙大师范学院数学系学生开设数学史和中学数学教学法两门课程。课堂上,他常以徐光启"祛其浮气,练其精心"和"资其成法,发其巧思"等名言来启发学生,培养他们研习数学的自觉性和能动性。

1943 年 10 月 23 日,钱宝琮在贵阳版《中央日报》上发表中学数学教学的专题论文《论现行中学数学课程》,对当时编制的中学数学课程实施方案提出修订意见,认为"中学数学课程当以培养健全国民为职志,不当因毕业生之出路而转移其目标",强调合理中学数学课程及数学史教育的重要性:

> 窃以为中学数学与史地理化诸科相仿,其目的在予中学生以文化之陶冶与心智之锻炼。惟数学兼重技能之学习为稍异耳。中等教育之目的,对于学生毕业后升学或就业,原无显著之差别,数学教育不应有所歧视。
>
> ……
>
> 纯粹数学之论证方法全恃演绎,其训练思想之价值至大。希腊古哲毕达哥拉斯许其门人之深明数学者为入室弟子。柏拉图宣言:"不知几何学勿入我门",皆重视思辨方法,以为学问深造之津梁。欧几里得集当代几何学之大成,撰书十三卷,题曰《原本》,树立几何论证之规

---

① 今日"学术广播"钱宝琮教授讲"数学在中学教育上之地位".浙江大学日刊(第 162 期),1937:645.

范。明末意人利玛窦以拉丁文《几何原本》前六卷传入中国。徐光启译为中文,而赘记《杂议》云:

> 下学工夫有理有事。此书为益,能使学理者祛其浮气,炼其精心。学事者资其成法,发其巧思。

可见明末诸家学习西算,体用兼顾,能得希腊学者研治学术之精神。但《几何原本》之书原为成人而作,其论证之严肃、理想之玄妙,有非童年学子所可领悟,用作初中教科,殊非善本。而少许几何知识则为初中学生所亟需。[①]

《论现行中学数学课程》钱宝琮自存油印稿(1943 年于贵州湄潭)

1949 年 9 月 29 日,中国人民政治协商会议第一届全体会议通过了《中华人民政治协商会议共同纲领》。钱宝琮细读了《共同纲领》的"文化教育政策"章节,对政府文化教育新政策表示赞同,对民国时期的教育制度和教学法加以批评:

[①]　钱宝琮.论现行中学数学课程.中央日报,贵阳: 1943 年 10 月 22-23 日.

三三制普通中学为继续小学的基本训练,给予学生持久的、有根据的、有系统的知识,形成他们对自然现象和社会现象的科学态度,培养他们对于祖国的热爱,并使他们成为新民主义社会的建设有用人才。青年学生获得中等教育后,有研究高深学术之基础,有从事各种职业之准备。

旧的教育制度认定中学为升入大学的阶梯,拿高中二年级学生分成文理二组,课程内容有偏轻偏重的差别,并且大学入学考试也分文理组,分别出题。这样使一般的中学生的人文教育不能有平衡的发展,而升入大学的青年常识不足,流弊不可胜言。有的中学教师认为中学教学的目标在于专家的训练,这就是希望一般中学生将来均成为他所教一门的专家,因此教材的选择往往过于艰深,与实际需要不能配合。有的教师注重大学入学考试,忽略所教课程的教育价值及其与社会人生的关系。在高中三年级添开补习课程,准备考试。教师的教学目标既有错误,学生的学习见解自然不能正确。(1)认中学各种学科为钻研专门学术的工具,(2)认为各种学科之间很少联系。不是犯了为学问而学问的教条主义,就是犯了狭隘的功利主义。

1950 年,浙江大学开办中小学教育研究班,钱宝琮为乐嗣康(1922—2008)等 12 位中学数学教师开设《数学发展史》课程,为期一学年。乐嗣康认真听讲,并将听课笔记保存下来。"听课笔记"[1]共有五章,即数学发展简史、算术史、几何学发展史、代数学发展简史、三角发展简史。乐嗣康晚年回忆道:"钱先生和蔼可亲,对学生毫无保留,讲课如同亲切谈话。他如数家珍地为我们介绍中国古代数学、天文历法的光辉成就,教导我们用科学的方法去研究数学历史,弘扬爱国主义精神。虽然我们只听了先生两个

---

① 乐嗣康.数学发展史(听课笔记).一代学人钱宝琮.杭州:浙江大学出版社,2008:497-534.

学期的课,但他那既教书又育人的高尚品德让我终生难忘。我也当了一辈子数学教师,从来没有忘记先生的教诲,一直在努力成为像钱先生那样的好教师!"①

　　1951年5月,作为杭州市中等学校自然科学教学研究会数学组组长,钱宝琮向杭州市的中学数学老师做《中国古代数学的伟大成就》的报告。报告指出:"把中国古代数学与希腊数学对比一下,我们可以说中国古代数学有下列三个优点:1. 用算筹记数,一切数字记算相当便利。繁复的分数四则与开平方、开立方等运算,都没有困难。2. 能够掌握一元与多元的代数式的运算规律,做好化繁为简的工作。3. 数与量得到充分的联系。但是亦有它的缺点,例如:1. 所有名词,不立定义。2. 一切知识的获得单从实际出发,没有经过谨严的证明。3. 讲公约数时没有说到质数。4. 计算面积体积时,没有提到可通约量与不可通约量。所谓优点是胜过希腊的地方,所谓缺点亦是不如希腊的地方。"

　　在将中国古代数学与古希腊数学优缺点罗列对比之后,钱宝琮得出了如下结论:

　　　　第五世纪以后,大部分印度数学是中国式的,第九世纪以后,大部分亚剌伯(阿拉伯)数学是希腊式的,到第十世纪中这两派数学合流,通过非洲北部与西班牙的回教徒,传到欧洲各地。于是欧洲人一方面恢复已经失去的希腊数学,一方面吸收有生力量的中国数学。近代数学才得开始辩证的发展。②

　　吴文俊接受了这一结论,还依据钱宝琮的文字描述,在其论文《中国古

① 乐嗣康附识.数学发展史(听课笔记).一代学人钱宝琮.杭州:浙江大学出版社,2008:534.
② 钱宝琮.中国古代数学的伟大成就.科学通报,1951,2(10):1043.

代数学对世界文化的伟大贡献》①里绘制出以下简图（C 表示世纪）：

中国 —5C→ 印 度 ———┐
                    ├—10C→ 欧洲
希腊 —9C→ 阿拉伯 ——┘

数学的实用价值与训练价值

　　钱宝琮对中学数学教育极为重视。他认为"天地盈虚，与时消息"，此百事物之动静状态，莫不与其数量相关。形数科学之探讨实于人生最为切要。世界愈进文明，即数学之贡献愈大，而数学方法之造就亦愈精微。生今之世，无论在学校内攻读任何科目，或在社会中应付任何事物，皆须有数学技能、数学知识与数学方法之训练，方克奏效。

　　针对着一般学校只注重数学技能的实用价值，而忽略数学教育的文化价值与思维训练价值的错误倾向，他在不同时期、不同场合阐述自己的教育理念：

　　　　近二十年来言数学教育者，多谓数学教育之价值，有实用、文化、训练三方面。关于实用者以数学技能为主，关于文化者以数学知识为主，关于训练者以数学方法为主。数学方法之有益于训练者，有函数观念、逻辑论证、知类通达、理想超脱诸大端，皆须由简而繁，由疏而密，循序渐进，决非浅尝者所可幸致。故就中等教育而言，不特数学技能与知识之收获为多多益善，而数学方法之启发，亦为其不可漠视之目标。编订中学课程标准者，深知数学技能之切于实用，而忽略数学教育之文化价值与训练价值，目中学数学为一工具学科。浅学之辈遂多误解，以为中学内所授较难之数学都为升学者之预修学程，且有以为升学应试之敲门砖者。教师以其计算技能指示学生，学生亦以背诵

---

　　① 吴文俊.中国古代数学对世界文化的伟大贡献.数学学报,1975,18(1)：18-23.

公式,依样演草为尽其能事,置训练思想一事于不闻不问之列。中等教育之失败莫此为甚。①

1942 年,应浙江大学理学院院长胡刚复之邀,钱宝琮在湄潭"纪念周"给浙大理科师生做《数学的实用价值》学术演讲,归纳出两点结论:"一是数学起于实用,但只有实用也绝没有数学,理论与实用相互为用,不是单单注意几个公式可以了事;二是研究数学,不能因实用而放弃理论,同时也不能因为理论而偏废实用,二者不可缺一。"②

1950 年代初,钱宝琮又一次以《数学的实用价值》为题,给杭州市中学数学教师做演讲。他说:

　　我们要估计出数学的实用价值,不是一件轻易的事情。先讲数学的用处,后讲数学之发展并非全为它的实用价值。

1. 日常生活必须要用到数学知识和技能。人类愈进步,文化水平愈提高,数学知识的需要愈大。我们平常看到报纸上、杂志上有许多生产数字、统计图表、计算公式等等,都要有数学知能去了解它。

2. 近代工程建设、交通工具、动力机械、企业投资、观测统计须要有丰富数学知能的专家去处理。

3. 自然现象是在有程序的发展。在发展过程中,事物的数量依照数学意义,是时间的函数。这种函数的性质代表事物数量的全部发展过程。我们用导函数讨论函数的变动率,在物理学方面可以用来研究质点运动,在化学方面,用来研究反应速度,在医学方面用来研究微生物的生长规律,等等。现象不同,只有数学理论可以一以贯之。

---

① 钱宝琮.论现行中学数学课程.中央日报,贵阳:1943 年 10 月 22 - 23 日.
② 钱宝琮.数学的实用价值.浙江大学湄潭分校记录 第二辑(1942).互见:一代学人钱宝琮.杭州:浙江大学出版社,2008:123.

我们讨论一个函数的极大值与极小值,可以解释投射角等于反射角返光所需时间最小,蜂房的形状是合符所需构造材料最省的原则的。数学不单是能够解释自然现象,而且能预知自然现象的发现。Leverrier(1846)计算天王星轨道的偏差,知道应该有另一行星,海王星终于发见了。Maxwell 方程式写出后,电学实验随后证实它。数学不单是辅助自然科学家了解自然,增加科学的内容,而且推动自然科学的前进,常常立在主动的地位。

再从数学发展史方面看:

1. 世界各民族发展了农业生产,就须要土地量法。埃及很早在尼罗河边耕种,在 1347 B.C.,并且实行过平均分配土地的改革。他们的 Geometry 是我们几何学的远源。社会有了货物交易的事情就需要商业算术。要观察天文,希腊发明球面三角术。要简省三角计算的时间,Napier, Briggs 等就发明对数。许多数学多是应时代的需要而发展的。

2. 希腊人为解决三大作图问题,发见了许多曲线,Menaechmus 开始研究圆锥曲线,Apollonius 写成专书,但是很少实际应用。至十七世纪初,Kepler 研究行星轨道,知道是合符圆锥曲线几何理论的。牛顿更用他的引力理论去证实它。1854 年,Riemann 研究他的非欧几何学,到二十世纪初年,Einstein 相对论就用到它。许多数学理论是储蓄着,准备为后来科学家应用的。

3. 还有许多理论现在还找不到顾客,不知道如何可以利用。Fermat 最后定理、质数的分布等研究,将来有没有实际应用,我们很难想象。然而数学家一代一代的继续去研究它。大部分的近代数学是这样发展的。

照学以致用的说法,数学的用途最为广大,固然值得我们用最大的努力去学习。但是,大家为致用去学习数学,一定会使数学的发展停顿,各种自然科学和应用科学也很难进步了。①

钱宝琮阅读了贝茨(W. Betz)1930 年发表的论文 The Transfer of Training with Particular Reference to Geometry 和赫德里克(E. R. Hedrick)1928 年发表的论文 The Reality of Mathematical Processes,颇有心得。他结合自己近 40 年中学数学教学法研究之经验,撰写了题为《数学的训练价值》的短文②,强调了数学的训练价值:

> 任何学科都有它的真实知识和应用技术,也有它的发展这些知识技术的思维方法(thinking process)。各学科的对象不同,知识和技术各有各的擅场,唯有思维方法,从基本概念发展到理论的步骤是大致相同的。我们钻研某种科学,得到相当训练,这种训练在对付别种性质不相同的对象时,可以有或多或少的效用。教育家叫它做训练的转移(transfer of training)。某一学科知识的掌握和技术的熟练,在学习别种学科时,究竟有多少影响是很有问题的。所可转移的当然是指该学科的思维方法。我们学数学的都知道数学方法(math process)的严密是发展数学的基本关键,同时也知道数学方法的训练是思想教育的重心。数学的基本概念比较单纯,理论命题比较清楚,所以它的思维步骤也是条理分明容易了解。用数学来训练思维方法比用别种学科更为容易。倘使教师们只知道数学的实用价值,过分重视数学知识和技能,而忽略了数学方法的训练,他们就辜负了教育工作者的任务,只是一群教书匠罢了。
>
> 我们想从一些感性知识发展到理性知识,从研究各种性质相类的特殊现象,导出一个关于客物的内在联系的理论来,我们须要有抽象的想法(idealisation),精细的分析(precise analysing),逻辑的推理

---

① 钱宝琮.数学的实用价值(作于 1950 年代,未刊讲演手稿).
② 钱宝琮.数学的训练价值(作于 1950 年代,未刊手稿).

（logical reasoning）达到概括的理论（generalised theorem）。上述各项
思维方法都要通过学习、再学习，慢慢地培养出来。数学的训练是种
种思维方法的有效学习。分别讨论如后：

1. 抽象的想法　一切数学概念都是从实际中抽象出来的。算术
里的数，几何学里的点、线、面、体都是抽象的。算术和几何学是从这
些抽象概念上发展来的。日常生活中常常碰到许多抽象名词，例如：
温度、压力、金融、生命、文化等等，有相当训练的人才能够运用它们。
数学的训练在这方面可以为人们打一个很好的基础。

2. 精细的分析　我们研究事理，精细的分析是最重要的步骤。在
数学中，任何名词的含义都很清晰，命题的措辞都很明白，阅读时必须
仔细，解释时必须审慎，才可以发展我们的分析能力。这样学习数学
的努力，就是用不到数学理论的人，也不是白费的。

3. 逻辑的推理　逻辑的推理，无疑的，是近代化数学的中心思想。
有许多唯心主义的数学家以为全部数学可以归纳于形式逻辑的定律。
除了逻辑思维以外，数学里竟然没有特殊的主题。在另一方面，从辩证
唯物主义的立场出发，原来对于形式逻辑不能十分信任的，怀疑用数学
方法研究自然现象或社会发展的可靠性是很自然的。但是平心而论，上
面两种想法都太简单。数学里的推理方法虽然从古典的逻辑定律发展
出来，它的内容较之形式的三段论法广大得多。形式逻辑的命辞大都是
一个个别的对象纳入于属的概念，或将一个属的概念纳入其他的概念
里。数学的命辞多在说出若干对象间的关系，不像逻辑命辞的简单。数
学的推理方法尽可能地谨严，也不像三段论法的呆板。用它来研究自然
现象或社会发展，实在是很便利的。数学的论证注重定理成立的必要条
件与充分条件，尤其与唯物辩证法之精神相合符。在几何学里，证明一
个定理后，常常要考虑到它的逆定理是否真确。倘使是真确的，必须要
另外给它证明。在代数学与解析学里，我们建立一个定理必须审查这个
定理成立的条件是必要的，还是充分的。假如是必要的、充分的，必须要

分别证明。在"如有 M 必有 U"的定理内,"有 M"为"有 U"的充分条件。它的逆定理"如有 U 必有 M"与否定理"如无 M 必无 U"应当同时成立或同时不成立。否定理成立时,"有 M"当然是"有 U"的必要条件,不成立时,"有 M"即不是必要条件。慎思明辨的工夫在数学里是决不放松的。一般不学无术的人常常错认一个充分条件为必要,或一个必要条件为充分,要他辨别是非,说话合理,是难乎其难的。

4. 概括的规律或定理 在初中数学课程内,假如可能的话,我们常常要总括几个特殊问题的解决方法,建立起有普遍适用性的规律。不从经验或常识直接导出的规律,须要逻辑的推理证明的,我们叫它做定理。在高中数学课程内,我们还要聚集性质相近的定理总结到一个更其普遍的定理。这样寻求总结的心思在日常生活中与学习任何课程是都是需要的。又是在数学课程内特别看中,训练比较容易。

其他如讨论函数相关、率动率、极大与极小、平均数等等的时候,所用的数学方法,都与我们平常的思维方法有或多或少的联系。

总之,中学数学教学的训练价值决不在它的实用价值之下。一个受过中等教育的人,数学知识与技能可以很少用到,或者竟毫无用处,四五年后一齐忘却了。但是数学方法的训练,可以转移的部分,还是一生受用不尽的。

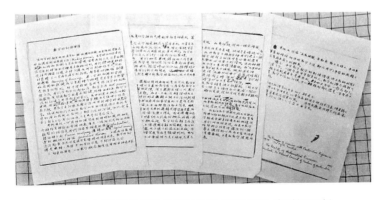

钱宝琮《数学的训练价值》(作于 1950 年代,未刊行手稿)

《中国数学史话》的出版

　　1952年院系调整之后,综合性的浙江大学被拆分,仅保留了部分工科专业,取消了数学系编制,更谈不上数学史教学与研究。钱宝琮没有与苏步青、陈建功等一起转入上海复旦大学,而成为浙大公共科目之一的数学教研组教授,仅负责一、二年级工科学生的微积分教学,他在浙大开设20余年的数学史课程寿终正寝。但他初心不改,没有放弃毕生的追求,继续以整理中国数学史为己任,还萌发去"历史研究所里专做中国数学发展史与天文学发展史研究工作"的念头①。

　　为满足社会需求,钱宝琮利用业余时间在杭州、上海和北京为中学教师和师范院校师生开设数学史讲座,在《数学通报》、《数学教学》等刊物发表数学史论文,还为《数学通报》审阅数学史投稿多篇。

　　孙泽瀛(1911—1981)是钱宝琮在浙江大学文理学院开办时招收的数学系首届本科学生。从那时起,师生间便产生了深厚的学术情感。他们曾于1939年一起作为教育部中等学校教员暑期讲习会的讲师到贵阳花溪给中学教师传授数学史和中学数学教学法。

　　孙泽瀛于1951年4月受命筹建华东师范大学数学系。如何办好师大数学系,作为系主任的他有许多的思考。他认为在建设新中国高等师范数学教育体系的同时,必须树立起"数学史为中学教师服务"的思想,注重学生的数学史教育。他创办并主编了《数学教学》杂志,认为那应该是师范院校为中小学数学老师所做的实事。老师钱宝琮的一篇数学史论文《盈不足术的发展史》,被确定为《数学教学》发刊号的首篇论文。

　　1955年3月,应孙泽瀛之邀,钱宝琮来到上海,为华东师大数学系高年级学生和教师讲授中国数学史,为期一个月。2003年,张奠宙在给笔者的

---

① 钱永红.钱宝琮与他主编的《科学史集刊》.科学新闻,2017(541):61.

电子邮件中写道:"钱宝琮先生来华东师范大学是 1955 年 3 月,只来一次。我那时是研究生。我们全部参加听讲。音容至今清晰可忆。"

沈康身(1923—2009),1945 年毕业于中央大学土木工程系,1954 年起,任教于浙江师范学院。经师院数学系系主任徐瑞云介绍,师从数学史家钱宝琮(虽然师生二人不在同一学校)。次年,按照徐瑞云的安排,沈康身陪同钱宝琮乘火车到上海,全程照顾老先生在华师大的生活起居,随班听课,从此走上数学史研究之路①。他学习努力,进步很快,第二年,就在《数学通报》第 6 期发表论文《中国古算题的世界意义》②。1965 年,他的另一篇科学史论文《我国古代测量技术的成就》发表在钱宝琮主编的《科学史集刊》第 8 期。

1955 年 9 月,钱宝琮又去上海师专给师生做《算术教材中祖国数学家的成就》报告。开场白如下:"祖国数学家不是仅仅对于算术有成就,初等数学中不论代数和几何都是有伟大贡献的,但因时间关系,今天只讲有关算术的一部分,其他方面,将来有机会再来报告。在算术方面,几乎每一章节都有祖国古代数学家的辉煌成就,在数学发展史上值得我们夸耀的。"报告分记数法、乘除法则、分数、十进小数概念、比例问题和算术难题等六个方面加以细说,经师专教师范际平记录整理后发表于《数学教学》第 2 期③。

傅种孙(1898—1962)还在北京高等师范学校数理部二年级读书时,就以新学到的现代数学观点、符号、公式,钻研中国古算,写出一篇《大衍(求一术)》发表在北京高师数理学会办的《数理杂志》(1918 年)第一期上。这是我国学者用现代数学观点研究传统数学最早的论文之一,影响很大④。

① 沈康身.历史数学名题赏析(上海教育出版社,2002 年)前言有云:
1955 年之春,钱宝琮先生在上海华东师范大学讲学,时校园池塘清浅,繁花如锦。老师好友李锐夫、程其襄、孙泽瀛三位常来聚晤。四教授开怀畅谈数学古今中外事,笔者忝叨末座,对偶觉宏论中有关历史数学名题对中小学生的示范、启迪、诱导作用尤有所悟:作一个有心人,力图在这一领域内有所为。
② 沈康身.中国古算题的世界意义.数学通报,1957(6):1-4.互见:初等数学史.科学技术出版社.1959:40-48.
③ 钱宝琮.算术教材中祖国数学家的成就.数学教学(第二期),1955:13-17.
④ 张友余.第五篇"五四"时期的数理学会和数理杂志及人才成长.二十世纪中国数学史料研究(第一辑).哈尔滨:哈尔滨工业大学出版社,2016:52.

李俨曾谦虚地说:"我在《大衍术》这篇文章的感动下,才决心把中国古算史整理出来。"[1]钱宝琮也在给李俨的书信中指出:"该篇虽甚简略,而创以代数证明旧法则新颖可喜也。"[2]钱还在其早期的数学史论文《求一术源流考》节录了傅种孙《大衍术》的证法[3]。

　　傅种孙重视师范院校的数学史教育,认为中学数学教师应具备数学史素养,大学数学课程必须涵盖数学史内容。1955 年,北师大数学系因数学史教学需要,决定与中国科学院争调钱宝琮。时任副校长傅种孙让数学系白尚恕给教育部干部司起草一份呈文,"请调钱宝琮教授到我校任教。"[4]虽然此事未能成功,钱宝琮于 1956 年 4 月在竺可桢的安排下,奉调至中国科学院历史研究所,但北师大增设数学史课程的计划没有改变。傅仲孙、白尚恕得知钱宝琮抵京后,专程前往历史所,正式邀请他到北师大兼课,为数学系三、四年级学生和本校中青年教师开设"中国数学史",每周讲课两学时。老先生慨然允诺。考虑他年迈,腿脚不得力,北师大以副校长专车负责接送。白尚恕回忆说:"钱先生所授'中国数学史'课,共讲一个多学期,始告结束。在讲授中,钱先生虽然满口浙江嘉兴话,但他以生动的语言、深入浅出的词汇,博得听课者全神贯注、专心听讲。"[5]时任《数学通报》特约编辑的钟善基 2003 年给笔者的书信有云:"老前辈每次来我系讲学,我都拜听不误,因而也可觍颜称老先生的受业者了。"

　　在给北师大的授课时,钱宝琮亲身感受到学生们那股向科学进军,急迫希望了解祖国历史上的科学成就,研究各门科学的发展历史的热情。为了帮助有中等文化程度的年轻人了解我国古代的数学遗产,他决定将自己

---

[1]　赵慈庚.傅种孙先生的学术成就.数学通报,1981(5):21.
[2]　1932 年 9 月 4 日,钱宝琮致李俨信。
[3]　钱宝琮.求一术源流考.学艺,1921(3)4:1-16.
[4]　白尚恕.追忆李、钱二老二、三事.纪念李俨钱宝琮诞辰 100 周年国际学术讨论会发言稿.1992.8.
[5]　白尚恕.追忆李、钱二老二、三事.纪念李俨钱宝琮诞辰 100 周年国际学术讨论会发言稿.1992.8.

所授"中国数学史"讲义加以修订、整理成《中国数学史话》一书,交由中国青年出版社出版。

他的序言指出:

> 祖国古代的数学是自己发展起来的。古代数学家的伟大成就还传播到国外,做了有世界意义的数学发展的先驱。本书的第一节概括地叙述中国初等数学发展的史实,最后一节总结出中国数学的特征,其他各节写出了中国数学各个主要部分的历史发展。目的在使读者对祖国优越的数学传统有初步的认识。关于十七世纪初年以后,西洋数学流传中国,清代数学家在高等数学方面的光辉成就,本书不加讨论。
>
> 在中国数学史研究中,有些问题是细致而复杂的,只有深入的讨论才能取得正确的结论;也有些问题虽然经过考证有了一定的结论,现在还不能作为定论。为了适应青年读者的要求,本书只介绍一些我自己认为满意的结论,琐碎的考据文字概从省略。[1]

钱宝琮《中国数学史话》1957 年版

1957 年 12 月,《中国数学史话》正式出版。不到半年时间,一万多册书基本售罄,中国青年出版社又于 1958 年 6 月第二次印刷发行。钱宝琮也增写了如下"重版序言":

> 为了本书的再版,重新校读一遍,就下列三方面有些修改:(1)《五曹算经》和《韩延算书》的编纂年代,(2)《海岛算

---

① 钱宝琮.《中国数学史话》序言.中国数学史话.北京:中国青年出版社,1957.

经》第三题的解释,(3)其他文字的校对。在本书里恐怕还有不少错误,希望读者随时指教。

钱宝琮

1958 年 4 月[①]

《世界数学史》的写作

1957 年 1 月,中国科学院中国自然科学史研究室挂牌成立,钱宝琮与李俨均为研究室的一级研究员。1958 年,钱宝琮趁研究室要求每人自订"个人红专规划"之机,给自己设定了多项工作:"和同志们一起,集体编写《中国天文学史》、《中国数学史》和《世界数学史》,向 1959 年国庆节献礼。"[②]《中国数学史》随后立意编撰,研究室成立了由钱宝琮、严敦杰、杜石然、梅荣照等四人编写小组,钱为主编。1964 年 11 月,《中国数学史》由科学出版社正式出版,并在波兰华沙举行的中国图书展览上获得广泛赞誉,被吴文俊"堪称为少见的世界性名著"[③]。

根据自己所订的"个人红专规划",钱宝琮于 1958 年 7 月建议研究室集体编写一部浅近的世界数学史,把重点放在初等数学的发展史方面,说明中学数学教科书(包括算术、代数、几何、三角、解析几何)中诸多内容的来源,以供中学教师教学参考。这是钱宝琮继出版《中国数学史话》之后,又一次提出编写通俗的数学史,在中学及广大科学爱好者中普及数学史教育。

然而,经过三天的反复辩论,研究室未能采纳他的提议。钱宝琮并未气馁,于 1959 年春,又主动与杜石然、梅荣照二人商议,分工合作编写《算术史》、《代数史》和《几何学史》等浅近数学发展史。初稿形成后,钱宝琮还亲自

① 钱宝琮.《中国数学史话》重版序言.中国数学史话.北京:中国青年出版社,1958.
② 钱宝琮.个人红专规划.一代学人钱宝琮,杭州:浙江大学出版社,2008:210.
③ 梅荣照.怀念钱宝琮先生——纪念钱宝琮先生诞生 90 周年.科学史集刊,1992,11:8.

联系出版社,谋求早日出版。由于得不到当时领导的重视,这些著作不但不能出版,最后连钱宝琮写的6万多字《算术史》手稿也莫名其妙地遗失了①。

1962年9月,何绍庚考取钱宝琮的数学史专业研究生。钱为学生制订了详细的学习计划,指定把郭沫若的《中国史稿》、王力的《古代汉语》以及《中国数学史话》、《数学简史》等作为必读书目。除了讲解中国古代数学文献外,还为他亲授天文历法和音律课程,不厌其烦地解答疑难问题。他希望何绍庚"在学术上要敢于判断,作出合理的结论","把各种说法罗列在一起是不好的,应该仔细研究加以鉴定,把自己的结论讲出来"②。他还说:"能用分析也能用代数做的题目,就用代数做;能用代数也能用算术做的题目,就用算术做,尽量用简单的、初等的方法,以接近古人的思想。"

在谈到中学教师为什么要研究数学史时,钱宝琮对何绍庚说:"搞我们这个专业并不脱离中学实际。中学教师需要教学法,要教好学生,应该知道数学史,了解一个新的概念产生的客观条件,是如何从实践中来,不过现在还没有很好的参考书。过去西方对我国古代数学不太重视,其实,有许多东西是通过印度、阿拉伯传过去的。现在苏联等国家开始注意研究我国,但资料还不够,我们应该提供充分的资料。为此,我们的方向是面向国际,还要为中学编出好的参考书。师范大学应该开数学史课,但因为现在没人教,也没有好的参考书,所以还开不成。"他还说:"研究历史应该用比较的方法,注意文化交流,彼此影响,看看哪些是在我们首先发现的,找出来公布于世,这是进行爱国主义教育的一个方面。"③

1966年6月,"文化大革命"全面展开,自然科学史研究室所有的学术研究戛然而止。钱宝琮首当其冲,被戴上"资产阶级反动学术权威"、"祸国殃民的牛鬼蛇神"等帽子,遭到批斗,他主编的《中国数学史》成为批判

---

① 梅荣照.钱师的浩然正气永远鼓舞着我们为科学事业而奋斗——纪念钱宝琮先生去世31周年.一代学人钱宝琮.杭州:浙江大学出版社,2008:291.
② 何绍庚.共图薪火相传——纪念钱宝琮先生诞辰一百周年.中国科学史通讯(第5期). *Newsletter for the History of Chinese Science No.5*,1993:186.
③ 钱永红.钱宝琮学术年表.中国数学史.北京:商务印书馆,2019:449-450.

重点,其寓所也被抄家二次。

已75岁高龄的钱宝琮每天上午必须清扫研究室院子、倒垃圾、抬煤渣,然后"被最大限度地孤立起来",在指定的房间内,阅读革命导师著作,背诵"老三篇";写自我批判、交代材料。"不许参加学习讨论,不许做些科学史研究工作",令他"思想上非常烦闷"。他与家人不止一次地说:"我个人被批是小事,大家整天搞运动,不搞研究,长此下去,怎么得了?"

"文革"期间,钱宝琮念兹在兹的仍然是被中断了的数学史研究。1969年2月,他向驻自然科学史研究室工宣队、军宣队提交了《我愿意写一部浅近数学的发展史而不能达到目的》的报告,对他筹划了十年多的《世界数学史》一书不能出版深表遗憾。全文如下:

我很早就有一个志愿,要写一部《世界数学史》,主要说明中学数学教科书(包括算术、代数、几何、三角、解析几何)中的教材的来源。58年7月,我在研究室中提出了这个问题,我室全体研究人员开会讨论,大众的意见认为这样的世界数学史不写到现代的高等数学,不能赶上国际水平,世界数学史不应该仅为中学生服务,也应该为大学生和研究人员服务。我坚持我原来的意见,一则现代的高深的尖端数学,我不了解,当然写不出它的发展过程;一则一般工农群众现在还不需要这些高深数学,不必知道它的发展历史。这样,反复辩论了三个上下午,不能达到一个结论。

从59年开始,我同杜石然、梅荣照二同志商议,怎样分工合作写浅近数学史为中学老师服务。决定:我写《算术史》,杜石然写《代数学史》,梅荣照写《几何学史》。这三部书初稿完成后,请求人民教育出版社审查提意见,人民教育出版社因教科书的编辑工作太忙,不接受我们的请求。又邮寄上海教育出版社审查,上海教育出版社以为这种历史书,中学老师没有时间阅读,不必出版,63年7月将原稿退还。64年科普出版社来我室征求稿件,数学史组就将这三部的初稿送去。

他们居然为这三部书提了很多条审查意见,我们也接受了他们的意见,修改了。但到再和他们接洽时,还是不能出版。

　　我室数学史组所写的《中国数学史》和《宋元数学史论文集》是脱离人民群众的。《算术史》、《代数学史》、《几何学史》三部小书写得比较通俗,并与一般工农群众所需要的数学知识相结合,可以为中学数学教员服务,但因为种种原因不能出版。以上所述是三部书不能发表的客观原因,但这三部书的初稿原来没有写得很好,应当是不能出版的一个重要原因。现在工农中学教育改革正在进行,数学教材要少而精,追溯这些教材的发展历史还是需要的,浅近数学的世界史还应该重新写过。

钱宝琮

1969 年 2 月 7 日[①]

钱宝琮《关于〈中国数学史〉》和《我愿意写一部浅近
数学的发展史而不能达到目的》报告手迹(1969 年)

---

　　① 钱宝琮.我愿意写一部浅近数学的发展史而不能达到目的.一代学人钱宝琮.杭州:浙江大学出版社,2008:214.

然而,世事难遂人愿。送上的报告石沉大海,令钱宝琮深感失望。当年底,工宣队、军宣队要求研究室所有研究人员下放至河南息县"五七干校"改造,钱宝琮因年弱病残,被迫"疏散"离开北京,暂居苏州。1971 年春,他中风卧床,无法继续编纂《世界数学史》。1974 年 1 月 5 日,他带着遗憾,在苏州病逝。

《数学史选讲》的影响

钱宝琮临终前,叮嘱儿子钱克仁写信去北京索要自己的《算术史》书稿和《骈枝集》诗稿,且期待儿子能赓续他的世界数学史研究。钱宝琮去世后,钱克仁多次前往科学史所查寻《算术史》原稿,无果,只索回了《骈枝集》手抄本。

钱克仁(1915— 2001)于 1934 年考入浙江大学土木工程系,1936年转入浙江大学数学系,师从苏步青,1940 年浙江大学数学专业毕业后先后在贵阳、重庆、嘉兴、绍兴、南京与苏州等地的中学、大学任教,将毕生精力献给了中学数学教育和大学师范教育,曾受聘副教授职称。他调入南京师范学院和江苏师范学院(苏州大学的前身)后,一直从事中学数学教育与实践的教学工作,研究数学教学法。在父亲的指导下,钱克仁利用课余时间,潜心钻研中外数学史,译读卡约里(F. Cajori)、史密斯(D. E. Smith)、斯特罗伊克(D. J. Struik)等的世界数学史名著,撰写数学史研究心得。1979 年起着手编写数学史讲义,重点介绍与中小学数学教材关系密切的中外数学史料。讲义还将中外数学家对同一课题的研究成果一并讲述、互相比较,让学生了解中西方古代数学的优缺点,从而弥补以往中外数学史书籍各讲一方面的缺陷,纠正过去国外数学史著作中对中国古代数学成就的误解或偏见。1981 年讲义编好后,钱克仁应邀出席中国数学会数学史分会的成立大会,在会上即席发言,阐明了自己对数学史教育与普及的意见和做法①。

　　虽然钱克仁没有完全按照父亲的临终嘱托,续写浅近世界数学发展史,但是他的"数学史选讲"讲义获得了同行们的好评。从 1981 年到 1985 年,他在苏州大学讲课六年,每年选讲若干课题,油印的讲义都适时加以补充订正,在江苏省内外反响较大,被邀请去南京、无锡、苏州、扬州及嘉兴的中学、大学、师范院校或教师进修学校演讲。经过多次反复修改后,1989 年,《数学史选讲》终于由江苏教育出版社出版,数学史家严敦杰先生为此写了序言。钱克仁的前言有云:

　　　　选讲,不是对数学史做全面的讲述,如果将数学发展的历史按民族来分(如中国数学史、希腊数学史等),或按科目来分(如算术史、几何史等),这都是可以的;但我认为对于多数读者来说,尤其是中、小学教师来说,不如采用专题选讲的方法更为实惠一些。我真诚希望《选讲》的出版能实现这一心愿。②

　　《数学史选讲》共有 15 讲,内容大致分成三类: (1)《算经十书》,特别是《九章算术》,欧几里得的《几何原本》等数学名著的简明概述;(2) 对于圆周率、几何三大问题、二项定理、孙子定理、素数、高次方程等专题,综合叙述了中、外数学家的研究;(3) 简单介绍三角、解析几何、微积分各科的历史发展。

　　《数学史选讲》于 1989 年 1 月出版发行,当年 11 月就被中国科学技术史学会评选为首届全国科技史优秀图书二等奖。2016 年,哈尔滨工业大学出版社又将《数学史选讲》重版再印,并在原书基础上,增加篇幅,将钱克仁生前发表的和未发表的部分数学史论文、译文选录其中。2021 年,哈尔滨

　　① 赵澄秋.全国数学史学术讨论会在大连召开.科学史研究动态(第十三期).中国科学院自然科学史研究所,1981.
　　② 钱克仁.数学史选讲·前言.南京: 江苏教育出版社,1989.

工业大学出版社又以"中外数学史研究丛书"之一的《中国古代数学史研究——数学史选讲》再一次印刷出版。

严敦杰(1917—1988)在《数学史选讲》序言中指出:"近年来,越来越多的数学教育工作者已认识到在数学教育中增加数学史内容的重要性。一般的数学史料可以使数学教育内容变得更加生动有趣;中国古代数学的伟大成就可以激发和提高民族自豪感;数学发展史上的高潮及其成功的经验可以作为今后发展数学的借鉴,而低潮和失败的教训可以帮助我们今后少走一些弯路;历史上的数学思想和数学方法可以给人以启示。一个数学工作者和数学教育工作者,如果不了解他所从事的数学工作的历史和现状,是很难在这个领域有所创造或引导他的学生走上正确的道路的。"[1]

差不多100年前,钱宝琮将数学史教育引入了课堂。他以整理中国数学史为己任,并为之著书立说,身体力行,开辟了在中学、大学世界数学史教学与研究的道路。100年后的今天,钱宝琮及其门人弟子倡导的数学史服务于中学数学教学理念日益深入人心,数学史融入数学教育,也逐渐成为我国数学教育界的共识。相信九泉之下的钱宝琮一定会感到无比欣慰的。

2022年6月25日草于南京银达雅居

致谢:对张剑、王天骏、郭金海、冯立昇、钱志平等先生给予拙文的指导、帮助谨表真诚的谢意!

---

① 严敦杰.数学史选讲·序.南京:江苏教育出版社,1989.

附录二 钱宝琮学术生平

1892 年 5 月 29 日,出生于浙江嘉兴府嘉兴县(今嘉兴市)南门外槐树头。

1902 年,入县城塔弄张克馨(子莲)新法私塾,读《论语》、《孟子》等古代典籍,也学算术、地理、历史、英文等新课程。

1903 年,考入新法学校 —— 嘉兴府公立秀水县学堂。

1906 年,完成秀水县学堂学业,所学各门课程相当于旧制中学毕业程度。

1907 年春,考入苏州苏省铁路学堂建筑科。

1908 年 8 月,考取浙江省第一次招考 20 名官费留学欧美学生,10 月,搭乘"利照"邮轮赴欧洲,11 月,插班进入英国伯明翰大学土木工程系二年级学习。

1911 年 6 月,毕业于伯明翰大学,获理学学士(B.Sc.)学位。

1912 年 2 月,回国。4 月,去上海南洋大学堂(今上海交通大学的前身)附属中学任教员,教代数学及物理学。8 月,去江苏省立第二工业学校土木科任教。

1918 年,开始研读阮元之《畴人传》。

1919 年,加入中国科学社。

1920 年,不再教授工程学科目,每周二十学时均为高等数学课程。

1921 年,经周昌寿介绍,加入中华学艺社,成为学艺社苏州事务所干事,在《学艺》杂志发表数学史论文数篇。

1922 年,经茅以升(唐臣)介绍,结识李俨(乐知),开始通信来往,交流各自中算史研究心得。

1923 年 2 月,在茅以升推荐下,在《科学》杂志第 8 卷的第 2 期和第 3 期发表论文《中国算书中之周率研究》。7 月,在浙江暑期学校开办"中国数学史"讲座。

1924 年 3 月,在杭州出席中华学艺社第一次年会,作"中西音律比较"演讲。

1925 年 8 月,在北京出席中国科学社第 10 次年会,作"中国数码字之起源"演讲,当选为《科学》杂志编辑员。9 月,应聘为私立南开大学算学系教授。

1926 年,鼓励陈省身成功考入南开大学理科,并教他微积分及初等力学。

1927 年 5 月,接到南开大学校长因节省开支,下半年不再续聘的英文信。9 月,经竺可桢、汤用彤介绍,去南京第四中山大学(后改为中央大学),任数学系副教授。11 月,在上海出席中国科学社第 12 次年会。12 月,在南京出席中国天文学会第五届年会,作"元初授时历中之弧三角法"演讲,选为天文学会评议会评议员。

1928 年 8 月,在苏州出席中国科学社第 13 次年会,继续当选为《科学》杂志编辑员。9 月,参与组建第三中山大学(浙江大学前身)文理学院,成为浙大数学系的创办人,出任首任系主任。

1929 年秋,主动辞去浙大文理学院数学系主任一职。

1930 年 6 月,第一部数学史专著《古算考源》由中华学艺社出版,商务印书馆发行。8 月,中国科学社第 15 次年会在青岛大学举行,虽未到会,仍被选为理事会理事,任期二年。10 月,发起筹组中国科学社杭州社友会。11 月,被选为杭州社友会会计。

1931 年 8 月,去镇江出席中国科学社第 16 次年会,作"春秋历法置润考"演讲。

1932 年,《中国算学史》(上卷)以北平国立中央研究院历史语言研究所学术专著丛刊单刊甲种之六出版,商务印书馆发行。

1933 年 4 月,在南京出席教育部天文数学物理讨论会。5 月,在中央大学作"中国算学史"学术演讲。

1935 年 7 月,在上海出席中国数学会成立大会,宣读《汪莱的方程式论研究》论文,被选为评议会评议及《数学杂志》编委会编辑委员。9 月,在上海中国科学社明复图书馆参与审查数学名词。

1936 年 8 月,《唐代历家奇零分数记法之演进》发表于《数学杂志》创刊号。12 月,成为《浙江大学季刊》编辑委员会委员。

1937 年 4 月,在浙江广播电台作"数学在中学教育上之地位"广播演讲。6 月,在浙江图书馆作"浙江科学史"讲演。11 月,随浙大西迁逃难,嘉兴家庐被焚,二十多年精心搜罗的 250 种古算学书籍以及大量文稿、信函尽毁一旦。

1939 年,在贵州大学开办的暑期讲习会讲授数学史及中学数学教学法。

1940 年,在《国立浙江大学师范学院院刊》第一集第二册发表《金元之际数学之传授》论文。

1941 年 5—7 月,借调去湖南蓝田国立师范学院任数学系主任,教授数学史及初步整数论等课程。6 月 9 日,出席该校第 74 次纪念周,作"从数学史上观察印度人与阿拉伯人对中国算学天文学之影响"学术报告。9 月到次年 1 月,在浙大师范学院数学系教授数学史和中学数学教学法两门课程。

1942 年,在湄潭浙大理学院作"数学的实用价值"演讲。12 月,中国物理学会贵州分区年会举行纪念牛顿 300 周年诞辰报告会,钱宝琮作"哥白尼、开卜勒、牛顿"演讲,并吟诗"牛顿天体力学赞"一首。

1943 年 2 月到次年 7 月,担任浙大永兴分部一年级主任。

1943 年 10 月,在《中央日报》(贵阳版)发表《论现行中学数学课程》论文。

1944 年 10 月 25 日,在中国科学社年会上作"中国古代数学发展之特点"演讲。

1945 年,在浙大湄潭暑期讲习会上,作"吾国自然科学不发达之原因"演讲。

1947 年 3 月,在《思想与时代》杂志第 43 期发表《论二十八宿之来历》论文,5 月,在《思想与时代》第 45 期发表《科学史与新人文主义》论文。

1950 年,任杭州市中等学校自然科学教学研究会数学组组长。

1951 年 3 月至 4 月,在上海《大公报》上连续发表《多元联立方程式》(3 月 15 日)、《韩信点兵》(3 月 16 日)、《增乘开方法》(3 月 18 日)、《二项定理系数》(3 月 21 日)、《招差术》(3 月 26 日)、《度量衡的十进制》(4 月 23 日)等六篇短文,介绍中国古代数学对世界历史的贡献。5 月,在杭州市中等学校自然科学教学研究会数学组演讲"中国古代数学的伟大成就"。8 月,成为中国数学会的基本会员,《数学通报》杂志的特约编辑。

1952 年 7 月,全国高等学校院系调整,浙江大学数学系部分师生归入上海复旦大学,因教授工学院数学课程,故留在浙大,为数学教研组教授。

1954 年 9 月,被选为中国自然科学史研究委员会委员。

1955 年 3 月,在上海为华东师大师生讲授中国数学史。11 月,赴北京参加第三次中国科学史研究委员会会议。

1956 年 3 月,高教部下发公函,调钱宝琮入中国科学院历史第二研究所。8 月,参加中国自然科学史第一次讨论会,宣讲《授时历法略论》论文;在中国数学会论文宣读大会上作《谈祖冲之的缀术》报告。

1957 年 1 月,中国科学院中国自然科学史研究室成立,与李俨同为一级研究员。7 月,《科学史集刊》杂志编辑委员会成立,成为编委会主席(主编)。12 月,《中国数学史话》由中国青年出版社出版。

1958 年 3 月,主编的《科学史集刊》创刊。6 月,李约瑟来访,签赠《科学史集刊》创刊号。6月,《中国数学史话》修订版出版。

1959 年,李约瑟 *Science & Civilisation in China*(《中国科学技术史》)第三卷(数学、天学和地学),对李俨和钱宝琮的中算史研究有这样的评价:"在中国的数学史家中,李俨和钱宝琮是特别突出的。钱宝琮的著作虽然比李俨少,但质量旗鼓相当。"

1960 年,完成《中国数学史》初稿,开始集体讨论修订。完成《算术史》初稿,共计 6 万余字。

1961 年,完成《算经十书》校点工作。

1962 年,完成《秦九韶〈数书九章〉研究》论文。《中国数学史》定稿,作题为《〈中国数学史〉定稿》诗赠送给数学史组同事,以示庆贺。诗云:"积人积智几番新,算术流传世界珍。微数无名前进路,明源活法后来薪。存真去伪重评价,博古通今孰主宾。合志共谋疑义析,衰年未许作闲人!"

1963 年 1 月,李俨病逝。写下"旧学新知,由刻苦钻研得来,足为后生楷式;实践理论,从辛勤劳动体会,蔚成先进典型";"噩耗传来同抱人琴之痛,徽音尚在共图薪火相传"挽联。

1964 年 11 月,《中国数学史》由科学出版社出版。在波兰华沙举行的中国图书展览会上亮相,得到广泛好评,成为中国数学史研究领域的经典之作。

1965 年 4 月,参与撰写中国数学史条目的《辞海·未定稿》出版。

1966 年 2 月,主编的《宋元数学史论文集》由科学出版社出版,6 月,"文革"开始,学术研究工作被迫停止,被扣上"资产阶级反动学术权威"、"祸国殃民的牛鬼蛇神"等帽子。10 月 15 日,当选为国际科学史研究院通讯院士(C336)。

1967 年 3 月 8 日,写申诉报告给"文革"小组,指出:"大字报上有不客观实际的指摘,关于学术性的问题,我在书面交代中写下了一些申辩的话为自己辩护,希望能引起辩论。大字报上揭发我的错误言行也有不合实际的地方,我抱着'有则改之,无则加勉'的态度,没有在书面交代中申辩,希望革命同志们调查研究。"

1968年10月22日,夫人朱慧真因癌症在寓所去世,终年76岁。

1969年2月,提交恢复学术研究申请报告,对主编的《科学史集刊》、《中国数学史》阐述了自己的观点,就筹划并编撰了十年的《世界数学史》一书不能出版深表遗憾。12月30日,钱宝琮专程前往竺可桢寓所与老友道别,谈到科学史研究,钱认为属于社会科学是合理的,但不限于研究中国科学史。二位挚友忧心忡忡,依依不舍。

1970年1月1日,钱宝琮"疏散"离京抵达苏州,住十全街儿子钱克仁家。

1971年4月8日,亲笔写信给科学史室,再次表达了他的志愿:"1. 想费些工夫修改我原来写得不好的《中国数学史》,2. 研究印度数学史,来考证印度中古时代数学家,究竟于中国古代数学多少影响,3. 中国古代数学和印度、亚拉伯(即阿拉伯)数学与现在工农兵所学数学有关,究竟有所发展,有所进步,我们既为人民服务,应该写一本现代的数学发展史,以及4. 我们古代的物理学史,如《墨经》和《考工记》中的自然科学等,但都因参考书籍无处可借,只是心有余而力不足。"

4月28日,因中风,不慎摔跤,卧床不起,手脚活动困难。

夏,浙大老友谈家桢(1909—2008)由江苏师院任教的朱正元陪同,到十全街寓所看望钱宝琮。

夏,沈康身夫妇,由杭州来苏拜望钱宝琮老师。

1972年7月11日,竺可桢、吴有训在北京宴请到访的李约瑟夫妇和鲁桂珍。席间,李约瑟向竺可桢了解钱宝琮的近况,非常关心好友的健康,提出想与钱宝琮见面的要求,未果。8月8日,谭其骧专程从上海来到苏州,住宿十全街寓所数天,与钱宝琮长谈。8月,白尚恕致函钱宝琮。信曰:"昨天到学部晤及严敦杰同志。知吾师贵体欠佳,今特修书问候。望吾师精心调养,不久当可痊愈。"

已不能握笔写字,但仍"能读书报,能思考问题"。钱宝琮还多次提及被"造反派"抄走的《骈枝集》自编诗稿和未能出版的《算术史》手稿,一再叮嘱家人帮他索回。

8月14日,钱宝琮让家人代笔写信给自然科学史室军宣队,重申了他多年未能如愿的请求:"我近年来很想对《墨子》和《考工记》两书中的自然科学知识进行整理研究。对于怎样写好一部为工农兵利用的《世界数学史》一事亦时在念中。现在我室同志已回北京,可否请严敦杰同志为我选几本有关《墨子》、《考工记》方面的书籍由邮局寄来,供我阅读。"

8月24日,严敦杰致函问候钱宝琮,对他卧病在床,仍在研究《墨经》及《考工记》,"很是感动"。

1973年12月20日,自然科学史研究室军宣队派杜石然、李家明、何绍庚三人到苏州,看望偏瘫卧床不起的钱宝琮。钱很高兴与他们交谈,还兴致勃勃地谈论对《墨经》中一些问题的看法,并鼓励研究室的同事们要继续做好科学史研究工作。

1974年1月5日,在苏州病逝。1月8日,中国科学院哲学社会学部在苏州火化场举行遗体告别仪式。2月18日,在北京八宝山革命公墓举行追悼会,骨灰安放于八宝山革命公墓。